"十三五"国家重点出版物出版规划项目
航天机构高可靠设计技术及其应用

含间隙航天机构动力学

白争锋　张慧博　赵　阳　梁　磊　著

科学出版社

北　京

内 容 简 介

本书围绕机械工程和航天工程中的高精度和高可靠机构系统动力学问题，系统地论述并总结含间隙机构动力学建模、动态性能评估及航天工程应用方面的基本理论和研究成果。主要内容包括：含转动副间隙机构动力学建模、动态特性分析与磨损动力学特性预测；含间隙齿轮转子系统和行星齿轮传动机构系统动力学建模与动态特性分析；含间隙航天机构动力学工程应用实例。

本书可供从事机械产品动力学评估与设计的工程技术人员参考，也可作为相关专业研究生的参考资料用书。

图书在版编目（CIP）数据

含间隙航天机构动力学 / 白争锋等著. —北京：科学出版社，2023.8
（航天机构高可靠设计技术及其应用）
"十三五"国家重点出版物出版规划项目
ISBN 978-7-03-076272-6

Ⅰ. ①含…　Ⅱ. ①白…　Ⅲ. ①航天器-动力学　Ⅳ. ①V412.4
中国国家版本馆 CIP 数据核字（2023）第 159526 号

责任编辑：孙伯元　魏英杰 / 责任校对：崔向琳
责任印制：吴兆东 / 封面设计：陈　敬

科学出版社 出版
北京东黄城根北街 16 号
邮政编码：100717
http://www.sciencep.com
天津市新科印刷有限公司印刷
科学出版社发行　各地新华书店经销
*
2023 年 8 月第 一 版　开本：720×1000　1/16
2024 年 5 月第二次印刷　印张：11
字数：209 160
定价：118.00 元
（如有印装质量问题，我社负责调换）

前　言

随着精密机械工程和航天工程的不断发展,机构产品功能日趋复杂,机械机构系统向着高精度、高效率、高可靠性和长寿命的目标迈进。尤其是,航天机构系统的功能更强大、任务更多样、环境更复杂,需要深入考虑的因素越来越多,因此机构与机械产品的研制成本也越来越高,并进一步使其可靠性要求提高。因此,机械机构系统的高效率、高可靠性,以及长寿命问题已经引起人们的高度重视。对我国载人航天、深空探测等国家重大专项任务而言,高性能、高可靠、长寿命的航天机构是必不可少的。

在实际机构中,由于加工制造误差、装配,以及长期磨损,运动副间隙是不可避免的。间隙的存在将严重地影响机构的动态性能和可靠性。齿轮机构系统作为最为主要的传动系统,在航天机构中是必不可少的。航天机构关节齿轮传动系统中通常包含转动副间隙和齿轮副齿侧间隙两类运动副间隙,即轴系转动副和齿轮副中均存在间隙。间隙接触碰撞和摩擦磨损导致航天机构系统振动,定位精度降低,加速磨损,降低效率和工作精度,进而导致航天机构性能退化,可靠性降低,甚至失效。对于航天机构而言,由于处于微重力或零重力的工作条件下,缺少重力约束,间隙处的碰撞与振动现象更加难以抑制,对系统动力学特性的影响也更为显著。总之,间隙对机构系统动力学性能的影响不容忽视。

本书围绕含间隙机构动力学建模、碰撞建模、动态特性分析、实验技术、工程应用等方面展开研究工作。研究含间隙机构动力学有助于准确评估实际机构的动态性能,通过对含间隙机构的动力学建模与分析,可以在设计阶段对多种设计方案进行评估及优化设计,明确提高机构性能和可靠性的方向,为提高机构的分析和设计水平提供可靠的参考资料和依据。

本书是作者近十年来科学研究成果的总结,相关课题的研究得到国家自然科学基金、"973 计划"项目的支持,在此表示感谢。本书的出版得到王兴贵教授、齐超群博士、蒋鑫博士、王思宇博士、宁志远博士、李广平硕士的支持和帮助,在此向他们表示真诚的感谢。

限于作者水平,书中难免存在不妥之处,敬请读者批评指正。

作　者

2023 年 1 月

目　　录

第1章 绪 论

1.1 研究背景与意义

随着精密机械工程和航天工程的不断发展，机械机构系统向着高精度、高效率、高可靠性和长寿命的目标迈进。尤其是，对于航天机构，机械系统的功能更强大、任务更复杂，需要深入考虑的因素越来越多，因此机构与机械设备的研制成本越来越高，对可靠性的要求也越来越高。在工程实际中，机械系统通过机构等来实现系统的动力学传递、运动要求等，因此机构是机械系统的重要组成部分。机构中的构件通过运动副连接，通常机构越复杂、构件越多、功能越强大，需要采用的运动副也越多。

然而，在实际机构中，运动副间隙是不可避免的。运动副间隙主要由三部分组成，一部分是设计动配合需要加工形成的规则装配间隙[1,2]；一部分是运动副设计、制造过程中，必然存在的误差；一部分是摩擦磨损引起的非规则运动副附加间隙[3,4]。因此，机构中的运动副间隙是不可避免的。含间隙旋转铰如图1-1所示。间隙铰磨损如图1-2所示。

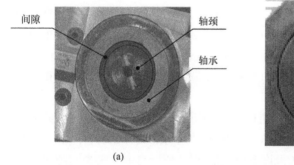
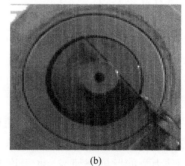

间隙　　轴颈　　轴承

(a)　　　　　　　　　　　　　(b)

图1-1 含间隙旋转铰

由于运动副间隙对机构动力学特性的影响较大，因此运动副中不论存在那种间隙都是人们不希望看到的。运动副间隙对机构的不良影响主要表现为以下几点。

① 间隙会导致机构的实际运动轨迹与期望的运动轨迹之间发生偏离，从而使机构运动精度与性能下降，甚至失效。

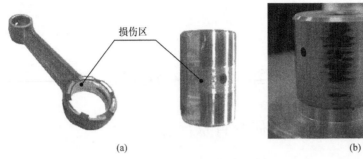

损伤区

(a)
(b)

图 1-2 间隙铰磨损

② 由于运动副存在间隙，运动副副元素会发生接触碰撞，使机构关节铰碰撞力增大，加剧对机构的破坏，并严重地产生噪声与振动，进而导致机构的工作效率降低。

③ 间隙碰撞力会激起机构构件的弹性振动，并使弹性变形增大，进一步影响机械机构的稳定性或工作精度，甚至导致机构失效。

④ 对于一些有往复运动机构的机械及一些间歇运动机构，间隙过大会导致机构的失调。

⑤ 对于一些高副连接的高速运动机构，磨损的存在会使机构产生严重的振动与噪声，并导致精度降低、性能下降，产生故障隐患。

⑥ 间隙产生的冲击力会加剧机构磨损，而磨损又会进一步增大间隙，并且磨损产生的碎屑会造成其他零件的表面损伤、润滑油的污染和油路的堵塞等。

统计分析表明，约有 30%~80%的设备损坏是各种形式的磨损引起的，而且磨损不仅是机械零部件的一种主要失效形式，也是引起其他后续失效的最初原因[5,6]。在工程实际中，尤其是在航空航天领域，运动副间隙造成的严重航天事故的例子很多。运动副间隙使空间机构存在非线性动力学特性，导致展开结构振动、定位机构精度下降、卫星天线打开失稳等故障，进而导致航天器不能正常运行，甚至失效[7-9]。

基于上述原因，有关含间隙机构系统的研究引起越来越多学者和研究机构的重视[9-20]。自 20 世纪 70 年代以来，国内外的学者陆续开始对含间隙的机构运动学和动力学问题展开研究，取得许多研究成果[1,18-31]。目前有关含间隙机构的研究工作多数都是人为假设运动副间隙在机构工作过程中固定不变，即针对运动副具有规则的装配间隙情况，或者假设运动副的磨损是均匀的等值磨损，因此都是针对固定不变的规则间隙情况进行研究的。然而在实际中，由于摩擦磨损效应，运动副会非均匀地磨损，运动副间隙在机构运行期间会因磨损呈现非规则的变化，并且变化不断加大，因此运动副磨损后的非规则间隙也必然不同于规则的装配间隙。运动副磨损间隙是非规则的几何间隙，而非规则的间隙对机构的影响必然有其特殊性。

间隙的存在将严重影响机构的动态性能和可靠性。特别是，在实际工程中，随着机构运行时间的推移，运动副的磨损将使间隙不断增大，进一步导致机构的精度和工作性能不断降低，直到无法满足机构的使用要求而失效，因此磨损是引起未来高性能、高可靠性、长寿命机械机构和航天机构失效的主要因素之一。含间隙的机构动力学已成为国内外宇航工程、机械工程界迫切需要解决的一个关键问题[12,15-20,29-41]。目前的解决方法主要有两种[42]：一种是提高机构加工与制造精度，消除间隙，但是从机构制造成本角度考虑，这种方法是不现实的；另一种是正确分析含间隙运动副副元素的相对运动关系，以及间隙对机构动力学特性的影响，明确运动副间隙影响机构动态行为的主要原因。在此基础上，进行合理的机构设计，尽可能地降低运动副间隙的影响。由于第二种方法对机构设计有很大的实际应用价值，因此深入系统地研究含间隙机构的动力学特性，精确预测含间隙机构的动力学行为具有重要的理论价值和工程实际应用价值，研究成果将具有可推广性和可借鉴性。

1.2　含间隙航天机构动力学研究综述

1.2.1　含间隙机构动力学建模方法研究进展

进行含间隙机构动力学特性分析的重要前提是对含间隙机构建立准确有效的动力学模型[43-47]。早期学者对含间隙机构的研究多属于运动学分析，主要研究含间隙机构的运动误差分析等，国内外研究者从 20 世纪 70 年代初期开始对含间隙机构动力学进行系统的研究。1971 年，Dubowsky 等[48,49]针对运动副间隙提出一维冲击副模型，随后又提出一维冲击杆模型[50]和二维冲击环模型[51]，并对含间隙机构进行了大量研究，取得一系列的研究成果[50-54]，创立了一套比较完整的研究体系[55]。纵观国内外研究者在这方面的研究工作，按照不同假设，含间隙机构的动力学建模方法主要可以归纳为以下几类。

1. 基于"接触-分离"的二状态模型

该模型是一种定量的分析方法，假设间隙运动副副元素存在接触和分离两种状态，即按照接触状态和自由状态进行研究，比较容易和各种机构动力学问题联系。该模型的优点是比较符合含间隙运动副的实际情况，因为该方法在建模过程中考虑接触表面的弹性和阻尼。但是，基于该模型对含间隙机构进行数值计算时比较复杂。其原因在于数值计算时，必须时刻监测运动副副元素的相对运动关系，进一步确定运动副构件的运动状态，即分析含间隙运动副是处于接触状态还是分离状态，因此计算时比较麻烦。除此之外，应用该模型对考虑多间隙的机构进行动态特性计算时，很难得到系统的稳态解。

该方法力学工具简单，以牛顿力学理论为基础。其代表性的工作主要由Dubowsky 和 Funabashi 完成。Dubowsky 基于此，做了大量的研究工作，并取得一系列的研究成果，建立了一套相对完整的研究体系[50,51,54]。Funabashi 等[56]对各种情况下的运动副间隙模型进行分类研究，进行了大量的实验研究，并对理论模型进行了验证。其实验对象为含间隙的四连杆机构。在国内，李哲等[55,57]、唐锡宽等[58]对该方法进行了详细的理论研究和总结。

2. 基于"接触-分离-碰撞"的三状态模型

以 Miedema 等[59]为代表的学者进一步提出三状态模型。该模型扩展了Mansour 等[60]提出的碰撞与分离二状态模型，将间隙运动副副元素之间的相对运动关系在一个机构运动周期中分为"接触-分离-碰撞"三种运动状态，进一步基于这三种运动状态来建模。Soong 等[61]通过实验研究，在对实验结果进行分析后，进一步扩展了三状态模型，将间隙运动副副元素的相对运动过程分为接触、分离、碰撞和过渡过程等四个状态，并基于间隙运动副的四种运动状态来建模。该模型主要考虑间隙运动副副元素之间相对运动的过渡过程，引入越来越小的接触碰撞和分离，直到运动副副元素恢复到持续接触状态，因此通过引入过渡过程，间隙模型更加符合间隙运动副的实际运动情况，使含间隙机构运动副副元素之间的相对运动关系更加精细。在国内，张策[62]详细分析并总结了该类方法。

三状态模型的优点是建模比较精细，能够真实准确地反映含间隙机构的实际运动情况。由于建模过程考虑间隙运动副的运动状态较多，因此应用该模型的难点是如何准确地确定发生碰撞的时间，并判断间隙运动副副元素之间相对运动状态的转换。三状态模型的缺点是只能通过冲量衡量机构运行过程中间隙运动副副元素间的冲击程度，不能直接获得运动副间隙接触碰撞力。除此之外，该模型在数值计算中求解不稳定，难以应用在考虑多间隙的机构动力学分析中。

3. 基于"连续接触"的模型

由于运动副间隙通常很小，并且运动副副元素间的接触与碰撞时间都非常短暂，连续接触模型假设运动副副元素始终处于连续接触状态，认为碰撞与分离是瞬时的，因此简化了计算，将间隙等效为一根无质量定长的刚性杆，同时忽略接触表面的弹性变形。当其方位角在机构运行过程中发生突变时，则认为瞬间间隙运动副副元素发生了分离。该模型将原含铰间间隙的机构转化为无间隙的多杆多自由度系统，利用拉格朗日原理建立系统的运动微分方程[47]。该模型的优点是可以方便地得到含间隙机构的稳态解，并且容易用来分析考虑多个间隙时的机构动力学特性；缺点是忽略了运动副副元素接触表面的弹性变形，不能真实地反映含间隙机构运动副的接触碰撞特性。

国外主要以 Earles 等[22]、Furuhashi 等[63]的工作为代表。Earles 等早在 20 世纪 70 年代初就提出连续接触模型，此后文献[34]、[40]、[41]、[64]～[66]进一步使用和发展了该模型。Furuhashi 等[63]针对含间隙的四连杆机构，基于连续接触模型做了大量的研究工作。在国内，唐锡宽等[58]对连续接触模型做了较为详细的介绍。

综上所述，三状态模型最复杂，连续接触模型最简单，但是就各种模型的精度而言，三状态模型最精确。

1.2.2　接触碰撞动力学研究进展

接触碰撞是含间隙机构的典型现象，研究运动副元素之间的接触碰撞特性是含间隙机构动力学的基本研究内容之一。因此，开展运动副间隙接触碰撞动力学模型的研究对含间隙机构动力学特性分析有重要的意义[33,67,68]。

对碰撞过程的正确处理是解决接触碰撞动力学问题的关键，国内外学者对多体系统接触碰撞动力学进行了大量的研究。接触碰撞动力学的分析方法可归纳为两种[19,32,69]，即离散分析方法和连续分析方法。离散分析方法假定碰撞物体间的接触碰撞过程非常短，并且没有改变碰撞体的整体构型。接触碰撞过程被分为碰撞前和碰撞后两个阶段，并且碰撞后两碰撞体之间会发生相对滑动、滞止或反向运动。离散分析法忽略了接触碰撞过程行为，因此是一种相对有效的分析方法。连续分析方法认为碰撞体间的相互作用力在整个接触碰撞过程中是连续的，并且考虑碰撞体的接触碰撞过程，因此该方法比较符合实际的接触碰撞行为。特别是，在接触碰撞过程中考虑摩擦影响的场合较为合理。因此，连续分析方法也被称为基于受力作用的分析方法。在该方法中，当检测到有接触碰撞发生时，就采用一种接触碰撞力模型描述两物体发生接触碰撞时接触面的法向接触碰撞力[43]。

按照接触过程的不同假设，关于接触碰撞的建模方法可以归纳为以下 3 种方法，即动量平衡法、连续接触碰撞力模型方法和有限元方法。

1. 动量平衡法

动量平衡法[70,71]也称经典碰撞模型，是在碰撞物体刚性假设条件下建立的一种近似理论，属于离散分析方法。早期动量平衡法主要应用在多刚体系统的正碰撞问题中，并在应用动量平衡法进行接触碰撞过程分析时做相应的假设条件，也就是将接触碰撞过程忽略，即两体碰撞是在瞬间完成的，物体间的接触面是光滑的。除此之外，假设接触碰撞过程是点碰撞，并且在碰撞过程中始终不变。在应用动量平衡法对多刚体之间的接触碰撞分析时，除了上述假设条件，还需要引入接触碰撞过程中的恢复系数(反映接触碰撞过程中的能量损失)，并确定碰撞后系统广义速度的跃变。

随着研究的深入，学者认为只要选取足够的广义坐标，动量平衡法也可以用来研究多柔体系统之间的接触碰撞问题。Yigit 等[72]采用动量平衡法，对柔性多体系统的接触碰撞问题进行了研究。Rismantab 等[73]、Nagaraj 等[74]、Hariharesan 等[75]应用动量平衡法对柔性梁、柔性杆机构等柔性多体系统的接触碰撞问题进行了理论与实验研究。

由于动量平衡法引入接触碰撞过程中的恢复系数，因此恢复系数的正确选取是动量平衡法求解接触碰撞问题的前提，也是最主要的参数。研究表明，影响恢复系数的因素很多，包括碰撞体的材料特性、几何形状、质量特性、相对速度等[71]。Johnson[76]发现，无论碰撞速度大小如何，碰撞体的局部接触位置总会发生一定程度的塑性变形。Goldsmith[77]指出，当两体发生碰撞时，合理的恢复系数应该与相对碰撞速度 $v^{-1/4}$ 成正比。Rhee 等[78]针对刚性曲柄滑块机构，考虑间隙和摩擦的影响，建立了机构系统的动力学模型。该模型是基于动量平衡法建立的。

2. 连续接触碰撞力模型

由于动量平衡法属于离散分析方法，没有考虑接触碰撞过程，因此无法得到接触碰撞过程中的碰撞力。在接触碰撞过程中，碰撞力的变化规律对工程实际问题非常重要，并且工程设计人员也比较关注接触过程中的碰撞力变化历程，因此有必要建立一种能够求解碰撞力大小和方向变化特征的连续接触碰撞力模型。连续接触碰撞力模型考虑接触碰撞过程中的局部变形，假设接触碰撞力是由碰撞体的局部接触变形产生的，变形限制在接触区的临域，是一种以弹簧阻尼系统代替接触区域复杂变形的近似简化方法[70]。弹簧接触力一般通过 Hertz 接触理论计算，而接触过程中的能量损失行为通过阻尼器模拟。连续接触碰撞力模型实际上将几何约束转换为力约束，切断了原先的连接铰。

目前，研究者提出众多不同的接触碰撞力模型，主要是将接触力学中某些理论(如 Hertz 接触理论)运用到低速碰撞领域得到的。由于这些接触碰撞力模型是在静态接触条件下得到的，并且考虑的是特殊的边界条件和几何形状，因此只能分析碰撞速度较低的接触碰撞问题，难以分析接触碰撞物体具有一般几何形状与通用边界条件的情况。

早期的接触碰撞力模型采用线性弹簧阻尼[34]，即将碰撞体之间的接触碰撞过程用线性弹簧阻尼模型来模拟。线性弹簧阻尼模型的优点是应用简单直观，并且数学处理比较方便，缺点是阻尼力的计算不准确。特别是，在接触碰撞恢复阶段结束时，阻尼力可能出现负值，与实际情况不符[48]。因此，为了解决这一问题，国内外学者进行了大量的研究，其研究的重点是考虑非线性弹簧阻尼模型来模拟碰撞体之间的接触碰撞过程，建立各种不同形式的非线性弹簧阻尼模型。

Hunt 等[79]指出，碰撞过程中的阻尼具有非线性特征，并且阻尼系数应该与弹簧接触碰撞力的 n 次项成正比。此后，Lankarani 等[80]提出基于 Hertz 接触理论和恢复系数的非线性弹簧阻尼模型，是一种新的接触力模型。该模型采用通用的 Hertz 接触力模型，考虑阻尼影响，能够描述碰撞过程中的能量损失。由于推导时所做的假设，该模型仅适用于恢复系数接近于 1 的情形。

连续接触碰撞力模型认为碰撞过程不再是瞬时的过程，考虑接触碰撞过程，可以有效地计算接触碰撞力的时间历程，方便研究接触碰撞引起的机构局部磨损和破坏。因此，该方法在研究含间隙机构的机械机构领域、航空航天领域、机器人领域等众多工程领域中得到广泛的应用。

3. 有限元方法[70]

有限元方法为碰撞接触过程中接触局部变形的准确描述提供了一种较为精确的方法。该方法充分考虑接触碰撞过程中的局部变形，建立碰撞体接触后准确的动态边界条件，并进一步利用复杂的接触算法，计算接触碰撞过程中碰撞力的时间历程与空间分布规律。因此，该方法对接触碰撞问题的处理更符合弹性体接触碰撞的物理本质，可以克服前两种模型的缺点，避免连续接触碰撞力模型中选取参数比较困难，以及动量平衡法不能获得接触过程中碰撞力的问题。由于有限元方法处理接触过程的繁杂性和计算效率等原因，目前还没有应用到含间隙机构的接触碰撞研究中。

在研究含间隙机构接触碰撞时，铰间间隙处的摩擦力对机构动力学的影响引起学者的关注。Bauchau 等[81]研究了多柔体动力学模型的摩擦现象，重点研究单边接触条件下具有法向力和摩擦力的分析方法。宿月文等[82]研究了不同库伦摩擦系数对含间隙多体系统动态响应的影响，结果表明增大摩擦系数会导致较大的响应峰值和较宽的响应频带，从而降低系统的动态性能。刘才山等[83]利用线性切向接触刚度考虑斜碰撞过程中的摩擦作用，证明这种方法是可行的。国内外许多学者采用库伦摩擦定律和改进的库伦摩擦定律对含间隙机构中的铰间摩擦影响进行研究[32,37,46,84-88]。在分析接触碰撞过程中的摩擦效应时，学者发现库伦摩擦理论在一定的条件下失效，并且对此现象的认识和理解比较模糊，需要进一步深入地研究。

1.2.3　含间隙机构运动副磨损研究进展

在实际工程应用中，含间隙机构运动副中同样存在不同形式的摩擦行为，有摩擦必然也存在磨损。在运动副副元素的相对运动过程中，副元素表层材料不断发生损耗，导致间隙值变大，并且磨损后的间隙非规则变化。进一步，机构的动力学特性也随之发生变化。

　　磨损是摩擦引起的，是摩擦学研究中的重要领域之一，但是由于摩擦机理的复杂性及磨损现象的多样性，目前关于磨损的方法多集中于实验测试和微观研究。图 1-3 所示为 Kannel 等[89]1986 年给出的空间技术发展对摩擦学需求的增长趋势。虽然空间摩擦学研究取得了显著的进步，但是未来空间任务对摩擦学需求的增长明显比已经解决的摩擦学问题要快。

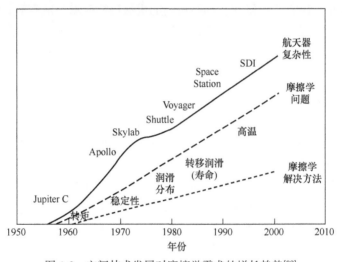

图 1-3　空间技术发展对摩擦学需求的增长趋势[89]

　　关于磨损，学者比较一致地认为，磨损是由于化学反应和机械作用，在固体的接触表面产生的一种固体材料逐渐损耗的现象，并且这种材料损耗主要表现为固体表面形状和尺寸的改变。因此，磨损是机械设备在工作过程中不可避免的一种能量损耗现象。同摩擦一样，磨损不是材料的固有特性，而是摩擦副的一种系统响应[90]。据统计，机械零件的失效主要有磨损、断裂、腐蚀等，其中磨损失效占到 60%～80%[91]。

　　磨损问题在机构系统中比较突出。近年来，随着对机构精度、稳定性，以及可靠性的要求越来越高，磨损问题也引起国内外专家学者的广泛关注，并取得一定的成果[92-97]，但主要研究对象是凸轮、齿轮等。含间隙运动副磨损的研究主要包括微观研究和宏观研究两个方面，目前微观磨损的研究较多，并且大部分微观研究都是从运动副材料方面进行。例如，刘峰璧等[98]对铰链的微观磨损作了有意义的研究。在宏观研究方面，王国庆等[99,100]对考虑间隙运动副边界润滑条件下的运动副副元素动态接触磨损进行了分析，结果表明运动副表面非均匀磨损。

Strömberg [101]对考虑摩擦和磨损的结构动态接触问题用拉格朗日乘子法进行研究。宿月文等[102]以含间隙铰接副的多体系统为对象，研究磨损导致间隙的增大与系统动态特性的相互关系，实现对复杂磨损过程的模拟仿真。国志刚等[103]基于Archard 模型，考虑周期性载荷作用的动态过程，研究铰链中销与孔的磨损情况和磨损量。江亲瑜等[104]以曲柄滑块机构为对象，综合考虑压力和温度的影响，对铰链磨损进行数值仿真，解决零件磨损寿命的可靠性预测问题。Mukras 等[105]基于Archard 磨损模型，采用有限元方法对运动副铰间接触磨损进行研究，预测铰间间隙的磨损特性。同时，Mukras 等[38]基于 Archard 磨损模型对曲柄滑块机构铰间磨损进行研究，假设轴与轴承始终保持接触，并通过地面实验进行验证。随后，Mukras 等[39]考虑运动副间隙的形状和尺寸，对含间隙机构进行动力学仿真分析，基于 Archard 磨损模型对曲柄滑块机构铰间磨损进行研究，并通过地面实验进行验证。Mukras 磨损实验系统如图 1-4 所示。Flores[3]基于 Archard 模型对含间隙机构间隙铰的磨损现象进行研究与定量的分析，并指出磨损后的轴表面是非规则的。Tasora[4]通过实验分析铰间间隙对机构特性的影响，并分析间隙铰表面磨损特性。Alessandro 磨损实验系统如图 1-5 所示。Su 等[106]基于 Archard 磨损模型，将有限元方法与含间隙机构运动学相结合，对含间隙曲柄滑块机构间隙铰磨损进行分析。

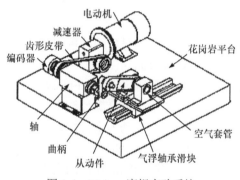

图 1-4 Mukras 磨损实验系统

图 1-5 Alessandro 磨损实验系统

由于磨损属于摩擦学范畴的一门综合性学科，目前对磨损问题的研究主要以实验研究为基础，研究工作的起点高、投入大，而且在摩擦、磨损与润滑三方面，多数研究工作主要侧重于润滑方面，以减缓与预防机械设备的摩擦磨损为主要目的。现阶段针对磨损问题的研究对象比较简单，主要以一些外形规则、结构简单、载荷易求的机构设备零部件为研究对象，研究成果不能应用到工程实际中，随着计算机仿真技术的发展，为研究复杂机构零部件的磨损问题提供了基础。

1.2.4　含间隙机构动力学分析研究现状

　　基于上述含间隙机构动力学建模方法，国内外学者对含间隙机构动力学进行了深入的分析和研究。

　　早在 1973 年，Earles 等[22]将铰间间隙表示为一个无质量连杆，基于改进的拉格朗日方法研究含间隙的刚体机构动力学特性。1974 年，Wilson 等[107]详细研究了滑动铰间隙对曲柄滑块机构动力学特性的影响。Tsai 等[108,109]将铰间间隙表示为一个无质量连杆，基于螺旋理论对含间隙机构进行运动灵敏度分析与定位误差分析。Innocenti[110]对含间隙转动副的空间机构，采用虚功原理对运动副间隙进行灵敏度分析。Ting 等[111]将含间隙运动副用间隙连杆表示，研究运动副间隙造成的含间隙平面单环机构的最大定位误差。Parenti-Castelli 等[112]在含间隙机构运动学建模的基础上，采用虚功原理进行机构间隙影响分析，并提出改进的间隙影响分析方法。Flores 等[113]研究了含间隙旋转铰的描述方法和计算方法，建立基于几何描述的接触条件和连续接触碰撞力模型，并针对含间隙的平面四连杆机构进行分析。Hayasaka 等[114]针对含间隙铰接桁架结构，研究铰接间隙对系统的影响。Moon 等[115]研究了铰接空间桁架结构振动特性，并通过实验发现铰接空间桁架结构存在混沌振动现象。Folkman 等[116]针对铰接空间机构，考虑重力和间隙影响，详细分析了铰接空间结构的阻尼特性。Orden[117]针对典型多体系统中的光滑铰间隙，提出一种分析光滑铰间隙的方法。

　　随着含间隙机构动力学特性研究的深入，近年来，针对含间隙机构的研究多集中考虑构件弹性，以及系统润滑行为、优化设计等方面。

　　Flores 等针对考虑润滑时的间隙旋转铰进行了一系列的研究。Flores[118-120]针对干摩擦间隙旋转铰和考虑润滑的间隙旋转铰建立了一个混合旋转铰模型，将其应用到含间隙平面曲柄滑块机构中，分析曲柄滑块机构的动力学特性，并验证模型的有效性。Flores[28]考虑运动副间隙和润滑的动力学分析方法，分别建立了无润滑和有润滑时具有间隙的铰模型，研究了运动副含间隙及润滑作用的机构动力学行为。数值结果表明，有润滑时系统的性能较接近理想情况。随后，Lankarani 等[13]对考虑间隙和润滑的空间球铰进行了建模，并对一空间四杆机构进行仿真分析，比较了考虑润滑和不考虑润滑时含间隙球铰与理想铰的动力学特性，指出润滑引入了有效的刚度与阻尼，对含间隙机构的稳定性起到重要的作用。Alshaer 等[121]研究了含润滑时滑动轴承的多体系统动力学，采用拉格朗日乘子法建立系统的动力学方程，并计算了运动副副元素之间的接触力。Schwab[122]利用力阻抗法研究考虑旋转铰润滑作用的曲柄滑块机构特性。

　　Park 等[123]提出一种通过配重来减小含间隙机构运动副反力的方法。以运动副反力方向的变化率与反力模之比为目标函数，通过优化算法求解增加配重的大小和位置。Feng 等[124]通过优化连杆的质量分布改变含间隙平面连杆机构的间隙约束反力的方法，建立含间隙平面连杆机构的设计优化算法，并进行优化效果分析。优化结果显示，运动副反力的模在机构运转过程中几乎不变化，反力的方向变化平缓，可以消除运动副副元素分离造成的冲击振动。Erkaya 等[66]对含间隙曲柄滑块机构进行运动分析，将铰间间隙简化为无质量的间隙杆，基于多层神经网络近似输入杆的运动位置，神经网络的训练和实验数据来自 ADAMS 仿真结果，并基于遗传算法对含间隙机构设计参数进行优化。同时，Erkaya 等[15,34,40]针对含间隙四连杆机构，将间隙等效为无质量的间隙杆，基于神经网络与遗传算法对含间隙机构进行优化设计。

Liu 等[125]采用有限元方法研究含间隙球铰的接触力模型，指出 Hertz 接触力模型一般适用于大间隙小载荷的接触碰撞问题分析，Steuermann 理论无法选择一个合适的多项式指数同时满足碰撞体全部的间隙场合，进而基于 Winkler 弹性基础模型提出一个对含间隙球铰普遍适用的接触力简易模型，并通过有限元方法进行验证。同时，Liu 等[126]还采用有限元方法研究了含间隙的圆柱副间隙接触力模型并进行分析，结果同样表明 Hertz 接触力模型通常适用于运动副含有大间隙小载荷的接触碰撞问题分析，Persson 模型适用于运动副含有小间隙的场合。进而，基于改进的 Winkler 弹性基础模型，建立对含间隙圆柱副普遍适用的接触力近似顺应模型，并通过有限元方法进行验证，结果表明该简化模型比通常采用的 Hertz 模型具有更好的精度和更大的适用范围。陈鹿民等[127]针对航天工程中广泛应用的微小间隙转动副，提出一个多点接触碰撞模型及其离散算法。该算法考虑运动副表面波纹、位置误差、轴弯曲变形，以及黏滞微滑效应等实际因素。王巍等[128]分析了航天器中间隙引起的各种动力学问题，并研究了含间隙太阳帆板展开动力学特性。吴德隆等[129]考虑间隙非线性、接触碰撞等，研究了空间站大型伸展机构的运动特性。陈滨等[130,131]为了避开直接求解碰撞铰模型，采用摄动法和小参数法对含间隙伸展机构非线性动力学问题进行研究。阎绍泽等[132]针对间隙铰导致的非线性动力学问题，从实验和数值仿真方面对可展机构非线性问题进行研究，并考虑间隙、摩擦、碰撞等因素。郭杏林等[36]研究了间隙运动副对柔性曲柄摇杆机构动态性能的影响，结果表明当考虑杆件柔性时，曲柄摇杆机构运动状态与理想机构比较接近，说明柔性杆对间隙接触碰撞力可以起到缓冲作用，降低间隙对机构的影响。游斌弟等[37]研究了关节铰间隙对漂浮基星载天线的扰动特性，指出较小间隙对星载天线位姿和指向的影响很小，但是增大了关节的碰撞力。占甬等[20]考虑销轴和轴套在销轴轴向和径向的间隙，对含三维间隙铰可展桁架模型收纳过程进行研究。分析表明，由于考虑销轴轴向的间隙，销轴和轴套不但在桁架平面内，而且在桁架平面外产生波动的接触碰撞，并且瞬时的接触力可达到理想铰的十几倍。时兵等[19]针对大型重载机构中的间隙旋转铰，考虑轴与轴套在实际相对运动过程中的铰间隙空间分布变化行为和铰接构件相对运动关系，建立旋转铰间隙变化模型，对一汽轮机阀门机构进行分析。吴焕芹等[45]基于连续接触模型把含间隙机构转化为多构件多自由度的无间隙机构，分析间隙大小、曲柄转速对机构运动特性的影响。尉立肖等[133]研究了圆柱铰间隙动力学，针对曲柄机构进行仿真，研究空间间隙、摩擦系数、杆件的柔性等因素对系统动力学特性带来的影响。靳春梅[134]针对含间隙弹性连杆机构，研究计入刚弹耦合作用及间隙影响的机构动力学特性，并进行实验验证。何柏岩等[135]采用 Kane 方法建立考虑铰链间隙的刚-柔机械臂系统的动力学模型，并进行仿真分析。

目前，国内学者关于含间隙机构动力学特性的研究主要集中在航空航天、机器人机械机构等领域，并且对含间隙机构的动力学研究现状进行了关注和综述[9,132,136-138]。

1.2.5　含间隙机构动力学验证实验研究现状

对含间隙机构的动态特性研究，国内外已有很多理论方面的研究，相比于含间隙机构的理论研究工作，基于实验的研究相对较少。其原因是，在实际的含间隙机构中，运动副间隙非常小，因此直接测量机构运行时间隙运动副中的反力十分困难，通常采用间接测量的方法，即间接测量含间隙机构运动时的其他一些动力学参数，如间接测量机构加速度等来反映间隙对机构动态行为的影响。为了真实地反映间隙对机构动态特性的影响，研究含间隙机构的动力学特性，实验研究必不可少。通过实验研究，一方面可以验证理论模型及其研究成果；另一方面可以发现一些新的问题与现象，为理论研究提供新的思路，从而使理论研究更加深入。

由于含间隙机构实验比较困难，研究者对含间隙机构进行了一些简单的实验研究，采用的实验方法主要有以下几种。第一种实验方法是采用高速摄像机直接拍下间隙副元素间的相对运动过程，进一步直观地分析运动副副元素的相对运动情况，但是这种实验方法成本太高。第二种实验方法是测量机构的加速度响应，进一步间接分析运动副间隙对机构的影响，这种实验方法目前应用较多。第三种实验方法是通过测量机构运行过程中的电流通断，进一步分析间隙运动副副元素之间的分离特性。由于影响机构动力学特性的因素很多，如构件的弹性、阻尼、运动副润滑特性等，如何提高含间隙机构实验研究的准确性，设计突出间隙对机构动力学特性影响的实验方法，需要深入地研究[134]。

目前关于含间隙机构实验方面的相关研究主要集中在一些简单的机构，如平面四连杆机构、曲柄滑块机构等。大部分实验都是验证理论研究部分，以及仿真结果的正确性[139]。

早期，Funabashi 等[56]为了研究各种情况下的运动副间隙模型，采用含间隙的四连杆机构做了大量的实验研究，并对理论模型进行了验证。Soong 等[61]对含间隙机构的运动状态进行了详细的研究，将三状态模型进一步细化为四个状态，使含间隙机构的运动副副元素间的相对运动关系更加精确。Haines[64]研究了不考虑铰间润滑的干摩擦旋转间隙铰的接触变形特性，实验结果表明间隙铰副元素的局部接触变形是非线性的。Koshy[140]对含间隙曲柄滑块机构进行了刚性机构和柔性机构实验，测量加速度响应来验证理论碰撞模型。其实验系统如图 1-6 所示。Flores 等[141]对含间隙曲柄滑块机构进行了理论与实验研究，通过实验验证理论研究成果。Flores 实验系统如图 1-7 所示。

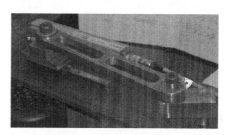

图 1-6　Koshy 实验系统　　　　　　图 1-7　Flores 实验系统

　　Khemili 等[11]对含间隙柔性连杆机构的动态特性进行理论研究和实验验证，发现含间隙机构的三个运动状态，并对刚性连杆和柔性连杆进行仿真计算和比较。其实验系统如图 1-8 所示。Erkaya 等[44]通过实验研究铰间间隙对曲柄滑块机构动态特性的影响，结果表明间隙的存在使结构振动、噪声幅值、关节碰撞力/力矩增大，并且间隙越大，结构振动和噪声幅值越大。其实验系统如图 1-9 所示。Tasora 等[2]通过建立含间隙四连杆机构的实验系统，研制了一个简单有效的测量装置，只需要少量的应变测量仪，将应变片粘贴在间隙处，通过测量关键位置的应变，研究间隙效应。其实验系统如图 1-10 所示。

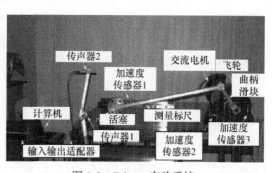

图 1-8　Khemili 实验系统　　　　　　图 1-9　Erkaya 实验系统

　　黄铁球等[142]针对考虑铰接间隙大型伸展机构动力学，通过理论与实验研究得到结构的非线性动响应情况。靳春梅[134]设计并制造了一套含间隙机构的实验台，

图 1-10　Tasora 实验系统

利用压电加速度传感器测量含间隙机构刚性连杆和弹性连杆中点加速度的稳态响应。实验结果验证了理论建模的正确性。陈鹿民等[143]研究了微重力环境下含铰接间隙航天可展结构的动力学特性。实验结果显示，与垂直安装状态相比，水平悬吊安装状态下含间隙桁架结构衰减振动的加速度幅值响应减小，振动时间较短，有更宽的频谱响应和严重的响应滞后现象，对铰间隙的初始运动状态呈现高度敏感性。荀剑等[144]为了有效地提取含间隙可展结构振动信号中包含的动力学特征量，基于小波变换的数据处理和分析方法，实现了对航天可展结构动力学性能在时频域内的精细考察。贾晓红等[145]对含间隙的三球销副机构进行了实验研究，实验结果与理论计算具有较好的一致性。

总的来说，目前含间隙机构系统的实验研究还不多，并且实验对象多集中在曲柄连杆机构、曲柄滑块机构等简单的含间隙机构。

1.2.6　含间隙齿轮机构建模方法研究现状

齿轮机构也是一种典型的传动机构。齿轮中的间隙对于齿轮传动过程中的振动和噪声影响更为明显，因此含间隙模型的研究对齿轮系统动力学特性分析具有重要的意义。1990 年，Kahraman 等[146]提出含间隙直齿轮动力学模型，并利用谐波平衡法对动力学方程进行求解。随后，Kahraman 等[147]又提出考虑轴承径向间隙和齿侧间隙的三自由度模型。在此基础上，Kahraman 等[148]进一步提出考虑时变啮合刚度、轴承径向间隙和齿侧间隙的三自由度齿轮系统模型(图 1-11)，奠定了多间隙齿轮系统动力学研究的基础。Padmanabhan 等[149]以 Dubowsky 提出的黏性阻尼模型为基础，建立了含有非线性间隙的两自由度齿轮系统动力学模型。Rook 等[150]建立了具有多间隙反转惰轮啮合齿轮系统动力学模型。该模型在轻载时会表现出拍击和振-冲现象。张锁怀等[151]提出齿轮耦合的转子-轴承系统的非线性模型。该模型考虑齿侧间隙、时变啮合刚度、齿间摩擦力，以及滑动轴承的非线性油膜力等因素。Li[152]针对锥齿轮提出考虑油膜力轴承支承下的多间隙非线性动力学模型。王静等[153]也针对锥齿轮传动系统开展研究，建立了考虑滚动轴承支承力、非线性油膜力、齿侧间隙，以及动态激励的非线性动力学模型。总之，对单对齿轮含间隙动力学模型的研究逐渐成熟，考虑的因素也更多，而在单对齿轮非线性动力学模型发展的同时，针对具有工程背景的多级齿轮系统的研究也逐渐展开。

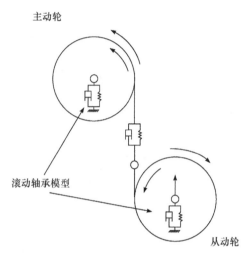

图 1-11 Kahraman 三自由度齿轮系统模型[148]

Kahraman[154]提出二级斜齿轮传动系统动力学模型，考虑轴向间隙、周向间隙、径向间隙，建立了具有六自由度的齿轮动力学模型。Lim 等[155]提出一种双啮合齿轮振动模型。该模型具有 3 个移动自由度和 1 个转动自由度。Vinayak[156]在此基础上提出更为精确的双啮合模型。Raclot 以 Kahraman 等[157]的多级齿轮模型为基础，在系统模型中考虑参数激励和外激励的作用。Lim 等[158]建立了多级齿轮非线性动力学模型，考虑 3 个移动自由度和 3 个转动自由度。曾鸣等[159]针对多级齿轮的轴承间隙建立了多间隙模型。崔亚辉[160]考虑多级齿轮中的齿侧间隙和轴承径向间隙，建立了多级齿轮-转子-轴承系统动力学模型(图 1-12)。

行星齿轮具有大传动比、高载荷的特点，在航空航天、汽车领域得到广泛的应用。与普通齿轮系统相比，其结构和工作状态更为复杂，振动和噪声问题也更为突出，因此行星齿轮传动系统的多间隙问题也是一个研究热点，具有重要的理论和工程应用价值。Singh 等提出考虑行星齿轮齿侧间隙的纯扭转动力学模型，并引入时变啮合刚度和传动误差等非线性因素，建立了更为复杂的行星齿轮传动系统动力学模型[161](图 1-13)。Kubur[162]也建立了纯扭转的行星齿轮动力学模型。宋轶民等[163]在此模型的基础上进行了修正和简化，并建立了非线性动力学模型。

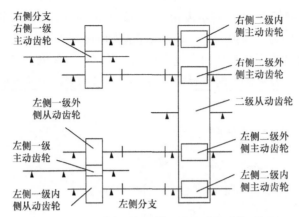

图 1-12　多级齿轮-转子-轴承系统动力学模型[160]

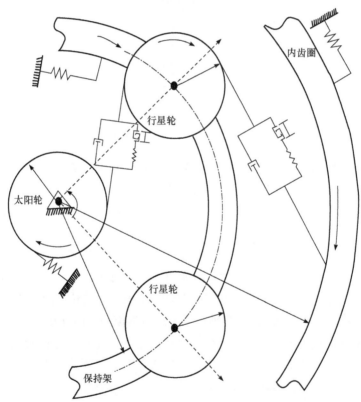

图 1-13　Singh 多间隙行星齿轮传动系统动力学模型[161]

　　综上所述，在间隙模型的描述方面，二状态模型的应用最为广泛，而以此为基础建立的含间隙机构模型也是从简单到复杂，由单间隙到多间隙，从理论研究到工程应用逐渐发展。含间隙机构的研究主要针对两大类机构(四杆机构和齿轮机构),考虑的最基本的间隙是轴承径向间隙(简化为旋转铰间隙)和齿侧间隙。在现阶段的研究中,两类机构的研究各成体系,相互之间没有很好地借鉴和融合。四杆机构的轴承径向间隙模型已经非常成熟,但齿轮机构中轴承径向间隙模型还基本停留在连续接触模型阶段,无法准确反映齿轮传动过程中径向间隙引起的轴承接触和分离现象。同时,对齿轮机构中轴承径向间隙与齿侧间隙耦合关系的研究也不充分,在齿轮系统动力学模型中都是分别建立轴承径向间隙模型和齿侧间隙模型,然后加入系统动力学方程中,这仅仅是系统层面的耦合。在实际中,径向间隙导致的径向振动会引起齿侧间隙的动态变化[164],应该采用更为合理的间隙描述方法,考虑轴承径向间隙与齿侧间隙之间的耦合关系。

针对上述问题,本书建立了一种新的考虑径向间隙与动态齿侧间隙耦合的齿轮转子系统动力学模型(图 1-14)。该模型可以分析径向间隙与齿侧间隙的耦合关系及其对系统动力学特性的影响。参考径向间隙的接触碰撞模型,通过推导齿轮中心距与齿侧间隙之间的函数关系,建立考虑动态齿侧间隙的齿轮扭转振动模型,进而利用该模型对多间隙齿轮系统的动力学特性进行分析,给出一对直齿轮副的数值仿真结果。

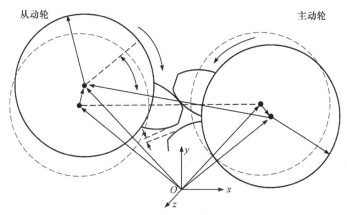

图 1-14 考虑径向间隙与动态齿侧间隙耦合的齿轮转子系统动力学模型

1.2.7 含间隙齿轮机构实验研究现状

在含间隙齿轮系统动力学实验研究方面,Munro[165]最早开展了齿轮间隙动力学的实验研究,发现齿轮传动过程中的振幅跳跃现象,以及不规则运动现象。Kahraman 等[166 169]对单对齿轮系统开展了相应的实验研究,通过改变齿轮中心距,控制齿侧间隙大小的方法研究齿侧间隙的大小变化,以及时变啮合刚度对含间隙系统动力学特性的影响规律。谭培红等[170]针对含间隙的直齿圆柱齿轮分别开展齿轮侧隙和齿面磨损现象的实验研究。谢海东等[171]和李素有[172]针对斜齿轮开展了含间隙齿轮系统振动特性方面的研究。崔亚辉[160]研制了一种可调齿侧间隙的实验装置，如图 1-15 所示。

(a) 实物图　　　　　　　　　　　　　(b) 间隙调整机构

图 1-15　可调齿侧间隙的实验装置[160]

在图 1-15 中，驱动电机通过柔性联轴器驱动主动齿轮转动，主动齿轮、从动齿轮上的飞轮起到提高系统稳定性的作用，利用调整齿侧间隙设备改变齿轮的中心距，进而控制齿侧间隙大小。在调整中心距后，用千分表测量齿侧间隙大小。该实验系统可以弥补齿侧间隙调整困难且不准确的问题，对于齿轮系统的实验研究有重要的指导意义。

在含间隙行星齿轮传动系统的动力学实验研究方面，Seetharaman 等[168]建立了行星齿轮实验系统(图 1-16)，研究齿侧间隙、时变啮合刚度对于行星齿轮传动效率的影响。Kahraman 等[173]研究了含间隙行星齿轮在传动过程中的能量损失。其实验设备结构简单、小巧，主要由驱动电机、速度传感器、减速器、力矩传感器、柔性联轴器和行星齿轮几个部分组成，具体结构如图 1-17 所示。Talbot 等[174]建立了一套比较复杂的行星齿轮实验装置，用于研究含间隙行星齿轮的传动效率。Talbot 含间隙行星齿轮实验系统如图 1-18 所示。

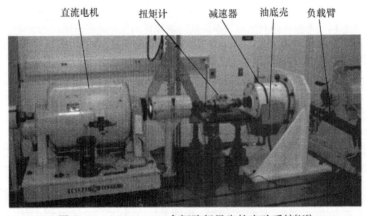

图 1-16　Seetharaman 含间隙行星齿轮实验系统[168]

图 1-17　Kahraman 含间隙行星齿轮实验系统[173]

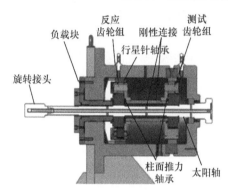

(a) 结构简图

(b) 实物图

图 1-18　Talbot 含间隙行星齿轮实验系统[174]

　　综上所述,在含间隙机构的实验研究中,对间隙的等效和模拟,以及对间隙大小的控制是最难解决的问题,在实际机构中很难同时控制多个间隙,而在齿轮类的实验中一般也只能保证齿侧间隙大小可调,能够同时控制径向间隙和齿侧间隙的动力学实验现阶段还没有出现。随着多间隙理论研究的不断深入,对于同时具有轴承径向间隙和齿侧间隙的齿轮机构的动力学实验研究将成为今后发展的重点方向。

1.3　本书研究内容

　　在对含间隙机构动力学研究的目的和意义、国内外研究现状综合评述的基础上,本书主要介绍以下几方面的内容。

　　① 针对考虑转动副间隙的机构系统,详细介绍含间隙转动副的建模方法,以及含转动副间隙的机构动力学方程。

② 研究间隙接触碰撞力模型，建立一种新的间隙连续接触碰撞力的混合模型，进而研究转动副间隙对机构动力学特性的影响，并分析含间隙机构动力学特性的影响因素，详细研究不同因素对含间隙机构动力学特性的影响规律。

③ 基于 Archard 磨损模型，建立间隙旋转铰磨损的动态计算模型，以及间隙旋转铰动态磨损计算流程，研究含间隙转动副的磨损特性，并分析磨损对含间隙机构动力学特性的影响。

④ 建立一种新的多间隙耦合齿轮转子系统动力学模型，考虑轴承径向间隙和动态齿侧间隙之间的耦合关系，对考虑转动副间隙和齿轮副齿侧间隙耦合的齿轮转子系统动力学建模与实验研究，分析转动副间隙和齿轮副齿侧间隙的耦合特性。

⑤ 将多间隙耦合模型应用到行星齿轮传动系统中，研究含多间隙耦合的行星齿轮传动系统动力学建模与动力学特性，并分析多间隙耦合效应、转速变化、间隙大小，以及惯性负载变化对系统动力学特性的影响。

⑥ 将含间隙机构动力学理论应用于航天工程领域，主要针对航天器机械臂和卫星天线双轴驱动机构，详细研究间隙效应对空间机械臂动力学特性、多间隙耦合对双轴驱动机构，以及卫星天线系统运动精度和运行稳定性的影响规律。

第 2 章　含转动副间隙机构动力学建模

机构系统通常包含转动副径向间隙和齿轮副齿侧间隙两类运动副间隙。本章首先建立含转动副径向间隙的机构动力学模型，为研究转动副间隙效应对机构动力学特性的影响奠定理论基础。由于转动副间隙的存在，含间隙机构与理想机构本质上是有区别的。含间隙机构动力学建模时，需要考虑间隙这一主要因素，一方面需要正确合理地描述间隙，另一方面需要考虑由间隙产生的接触碰撞特性。

对于含间隙机构动力学特性的研究，建立准确可行的系统动力学模型是至关重要的。因此，考虑转动副径向间隙的机构系统，本章重点研究如何将转动副径向间隙引入含间隙机构系统，并进一步建立含转动副径向间隙机构动力学模型。

2.1　转动副间隙描述方法

转动副(即旋转铰或铰链)是大多数机构机械系统中常见的一种运动副。在实际机构中，旋转铰间隙不可避免，为了分析间隙对机构动态行为的影响，人们采用各种方法处理模型中的间隙。总结起来主要有两种描述方法，即约束描述方法和力描述方法。约束描述方法主要是无质量杆方法，旋转铰间隙产生的多余自由度由无质量刚性杆代替。力描述方法主要指当旋转铰轴与轴承发生碰撞时，便会产生相互作用力，因此可以通过接触碰撞力描述旋转铰的动力学特性。

2.1.1　无质量杆方法

无质量杆方法假设旋转铰轴与轴承始终处于连续接触状态，将间隙等效为一根无质量定长的刚性杆，并且忽略接触表面的弹性变形，将原含铰间间隙的机构转化为无间隙的多杆多自由度系统。无质量杆模型示意图如图 2-1 所示。该模型的优点是建模方法简单，求解比较容易；缺点是忽略了间隙铰轴与轴承接触表面的弹性变形，不能真实地反映含间隙机构运动副的接触碰撞特性，无法反映间隙碰撞对机构的影响，因此该模型存在误差。

2.1.2　弹簧阻尼方法

弹簧阻尼模型示意图如图 2-2 所示。弹簧阻尼方法将间隙视为弹簧阻尼元件，较无质量杆方法更贴近运动副的实际运动，但不能描述碰撞过程中的能量转换特性，并且弹簧和阻尼器的参数难以确定。

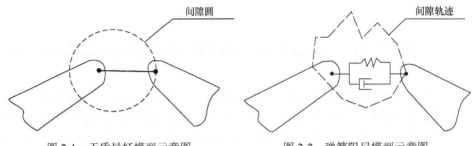

图 2-1　无质量杆模型示意图　　　　　图 2-2　弹簧阻尼模型示意图

2.1.3　碰撞铰方法

该方法将含间隙铰的副元素，轴与轴承考虑为两个碰撞体，并且间隙铰的动力学特性依赖间隙碰撞力。碰撞铰方法模拟间隙铰示意图如图 2-3 所示。该模型实际上切断了原先的连接铰，将几何约束转换为力约束。

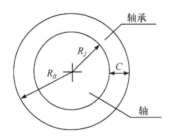

图 2-3　碰撞铰方法模拟间隙铰示意图

由此可知，前两种方法的间隙被等效的元件代替，并尽可能地模拟间隙的特性，是等效的方法；第三种方法更符合实际，轴与轴承间的碰撞力是接触表面弹性变形的函数，并且计及碰撞过程中的能量损耗。

2.2　含间隙转动副数学模型

理想旋转铰与实际旋转铰模型示意图如图 2-4 所示。铰间间隙可分为三类。

① 对理想机构，机构旋转铰没有间隙，称为零间隙或理想旋转铰，如图 2-4(a)所示。

② 对实际旋转铰，考虑含规则的装配间隙时，间隙大小为固定值，称为规则间隙(装配间隙)，如图 2-4(b)所示。考虑旋转铰轴与轴承同心，可以用轴承与轴半径之差描述规则间隙(装配间隙)的大小，即

$$c = R_B - R_J \tag{2-1}$$

其中，R_B 与 R_J 为轴承与轴的半径。

③ 对实际旋转铰，考虑非规则的磨损间隙时，由于轴与轴承磨损后是非规则的，因此磨损间隙大小并非固定值，而是随着轴的圆周角 θ 动态变化的，称为非规则间隙(磨损间隙)，如图 2-4(c)所示。考虑旋转铰轴与轴承同心，可以用轴承与轴的曲率半径之差来描述非规则间隙(磨损间隙)的大小，因此间隙为

$$c(\theta) = R_B(\theta) - R_J(\theta) \tag{2-2}$$

其中，$R_B(\theta)$ 和 $R_J(\theta)$ 为磨损后轴承与轴的曲率半径。

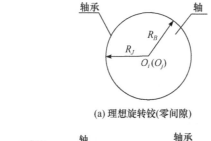

(a) 理想旋转铰(零间隙)

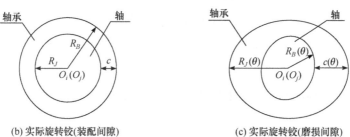

(b) 实际旋转铰(装配间隙)　　　　　　(c) 实际旋转铰(磨损间隙)

图 2-4　理想旋转铰与实际旋转铰模型示意图

由此可知，规则间隙是非规则磨损间隙的特殊情况，而非规则磨损间隙是含间隙旋转铰更普遍的存在形式。

多体系统中旋转铰间隙模型如图 2-5 所示，其中 O_i 和 O_j 为轴承和轴的中心位置；$\boldsymbol{r}_i^o$ 和 $\boldsymbol{r}_j^o$ 是轴承和轴在全局惯性坐标系下的位置矢量。轴承与轴的间隙矢量为

$$\boldsymbol{e}_{ij} = \boldsymbol{r}_j^o - \boldsymbol{r}_i^o \tag{2-3}$$

由上可知，间隙矢量表示轴相对轴承的偏心矢量，间隙矢量的偏心距可表示为

$$e_{ij} = \sqrt{e_x^2 + e_y^2} \tag{2-4}$$

轴和轴承碰撞时的法线单位矢量可以表示为

$$\boldsymbol{n} = \boldsymbol{e}_{ij} / e_{ij} \tag{2-5}$$

即 $\boldsymbol{n} = \dfrac{\boldsymbol{e}_{ij}}{\sqrt{e_x^2 + e_y^2}}$。

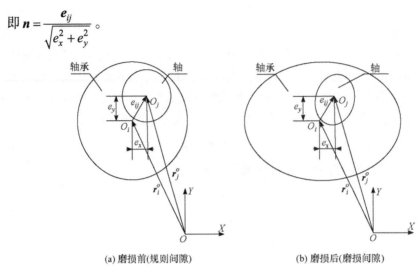

(a) 磨损前(规则间隙)　　　　　　　(b) 磨损后(磨损间隙)

图 2-5　多体系统中旋转铰间隙模型

磨损前与磨损后轴与轴承碰撞时旋转铰间隙示意图如图 2-6 为所示。其中，$\boldsymbol{r}_i^Q$ 和 $\boldsymbol{r}_j^Q$ 为轴承与轴发生接触碰撞时相应的碰撞点对在惯性坐标系下的位置矢量。轴与轴承磨损前，接触碰撞引起的接触变形可表示为

$$\delta = e_{ij} - c \tag{2-6}$$

其中，c 为初始径向间隙，由轴与轴承的初始半径确定，是已知的常数。

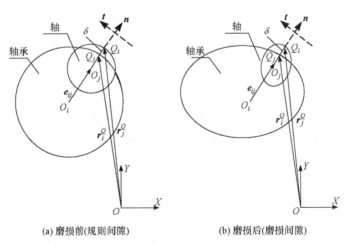

(a) 磨损前(规则间隙)　　　　　　　(b) 磨损后(磨损间隙)

图 2-6　碰撞时旋转铰间隙示意图

同理，磨损后，当轴与轴承接触碰撞时，碰撞引起的接触变形可表示为

$$\delta = e_{ij} - c(\theta) \tag{2-7}$$

其中，$c(\theta)$ 为磨损后的非规则间隙，间隙的大小并非固定值。

因此，轴和轴承是否发生碰撞可以根据 δ 来判定，轴和轴承接触碰撞的条件为

$$
\begin{aligned}
\delta = \sqrt{e_x^2 + e_y^2} - c \geqslant 0, \quad &\text{磨损前} \\
\delta = \sqrt{e_x^2 + e_y^2} - c(\theta) \geqslant 0, \quad &\text{磨损后}
\end{aligned}
\tag{2-8}
$$

即式(2-8)可以作为轴与轴承是否发生碰撞的判断标准，进一步可以写为

$$
\begin{cases}
\delta < 0, & \text{未接触、自由运动} \\
\delta = 0, & \text{开始接触或开始脱离} \\
\delta > 0, & \text{接触、发生弹性变形}
\end{cases}
$$

为了准确地分析含间隙机构的动力学特性，在含间隙机构运动过程中，必须考虑间隙旋转铰轴与轴承接触碰撞过程中的能量损失，因此必须计算间隙铰轴与轴承相连构件之间的相对碰撞速度。如图 2-6 所示，轴与轴承间的相对速度可以通过将 δ 向接触平面投影得到，因此当轴与轴承发生接触碰撞时，法向碰撞速度与切向碰撞速度为

$$
\begin{aligned}
v_n &= (\dot{\delta})^{\mathrm{T}} \boldsymbol{n} \\
v_t &= (\dot{\delta})^{\mathrm{T}} \boldsymbol{t}
\end{aligned}
\tag{2-9}
$$

其中，$\boldsymbol{t}$ 为切向单位矢量，可由法向单位矢量 $\boldsymbol{n}$ 逆时针旋转 90° 得到。

2.3　运动模式判别

由于在含间隙机构运行过程中，间隙铰轴与轴承之间一般会发生内碰撞，并且碰撞较为频繁，因此系统运动状态时刻变化，可将间隙铰轴与轴承之间的接触碰撞过程归结为自由运动和接触变形两种运动状态。在含间隙机构动力学仿真过程，为了正确地计算间隙接触碰撞力和摩擦力，确定含间隙机构拓扑结构变化的切换点，需要监测间隙铰分离-接触运动状态。由于不能提前预知间隙铰元素间分离-接触过程的切换点，因此需要通过间隙铰轴与轴承对应接触点的相对位置监测含间隙机构的运动状态。

设 $\delta(q(t))$ 和 $\delta(q(t+\Delta t))$ 为 t 和 $t + \Delta t$ 时刻间隙铰元素轴与轴承潜在接触对应点的相对位置列阵，若满足

$$\delta(q(t))^{\mathrm{T}} \delta(q(t+\Delta t)) < 0 \tag{2-10}$$

则在时间间隔 $[t, t + \Delta t]$ 至少存在一个切换点。由于间隙铰副元素的接触碰撞时间比较短，因此为了能够精确地监测运动状态的切换点，可以在数值计算时采用变步长的方法确定间隙铰副元素间的接触和分离时刻，当轴处于自由运动模式时，采用较大的积分步长计算，因此发生接触碰撞时会产生很大的穿透深度，导致很大的接触碰撞力，此时将积分循环退一步，然后采用较小的时间步长计算，直到计算误差在允许范围内，即当临近接触点的邻域时，通过细化时间步长确定接触碰撞时刻。在数值计算过程中采用变步长的策略，一方面可以提高含间隙机构动力学仿真计算效率，另一方面可以更加精确地获得较短时间内的接触碰撞行为。

2.4　含间隙机构动力学方程

2.4.1　约束方程的建立

对于多刚体机械机构动力学系统，当机构受完整约束时，设机构系统中包含 n 个运动副约束方程，并且通过在广义坐标系机构构件的质心位置坐标 (x, y, z)，以及表示机构构件方位的欧拉角 (ψ, θ, ϕ) 定义系统的广义坐标矢量 q，即

$$q_i = [x\ y\ z\ \psi\ \theta\ \phi]^{\mathrm{T}}, \quad q = [q_1\ q_2\ \cdots\ q_n]^{\mathrm{T}} \tag{2-11}$$

则系统的运动学约束方程组可以用系统的广义坐标矢量来表示，即

$$\boldsymbol{\phi}^k(q) = \left[\phi_1^k(q)\ \phi_2^k(q)\ \cdots\ \phi_n^k(q)\right] \tag{2-12}$$

考虑机构具有确定的运动行为，因此需要对机构施加驱动约束，使机构实际自由度为零，则施加自由度为 p 的驱动约束，即

$$\boldsymbol{\phi}^D(q, t) = 0 \tag{2-13}$$

由于机构在运动约束和驱动约束完全确定的情况下具有确定的运动，即系统的实际自由度为零，因此将运动约束方程(2-12)和驱动约束方程(2-13)组合，可以得到全约束方程，即

$$\boldsymbol{\phi}(q, t) = \begin{bmatrix} \phi^k(q, t) \\ \phi^D(q, t) \end{bmatrix} = 0 \tag{2-14}$$

2.4.2　动力学方程的建立

间隙的存在会引起相连构件的内碰撞，铰间间隙内碰撞具有两个特征。一是由于间隙的存在，机构系统成为变拓扑结构。当运动副存在间隙时，通过间隙运动副相连接的构件会失去运动副约束并自由运动，从而进入自由运动状态。当两

体的运动相对位移超过铰间间隙、间隙铰轴与轴承就会发生碰撞，因此机构运动状态也发生变化，成为受碰撞力约束的接触碰撞阶段。由以上分析可知，含间隙机构的运动状态是可变的。由于含间隙机构的运动状态是可变的，并且通常运动状态的切换是不光滑的，因此间隙的另一特征是包含有接触和碰撞的过程。

考虑理想机构时，即考虑理想铰(不含间隙)的情况下，根据拉格朗日乘子法，机构的动力学方程为

$$\begin{cases} M\ddot{q} + C\dot{q} + Kq + \phi_q^T\lambda = F \\ \phi(q,t) = 0 \end{cases} \tag{2-15}$$

其中，q 为广义坐标列阵；M 为机构的广义质量阵；C 为机构广义的阻尼阵；K 为机构的广义刚度阵；ϕ_q 为约束方程的雅克比矩阵；λ 为 Lagrange 乘子列阵；F 为广义速度二次项及力阵。

根据实际情况，机构含有间隙铰，旋转间隙铰轴与轴承发生内碰撞，产生接触碰撞力，包含接触碰撞过程中的法向碰撞力和切向摩擦力，由此在系统中引入力约束，因此该广义力主要由接触碰撞过程中的法向碰撞力和切向摩擦力组成，定义为 F_c。引入阶跃函数，即

$$u(\delta) = \begin{cases} 0, & \delta < 0 \\ 1, & 其他 \end{cases} \tag{2-16}$$

则间隙处的约束力为

$$F_c = u(\delta)(F_n + F_t) \tag{2-17}$$

其中，F_n 为法向碰撞力；F_t 为切向摩擦力。

对于实际的机构，考虑铰间间隙时(包括规则装配间隙或非规则磨损间隙)，机构的动力学方程为

$$\begin{cases} M\ddot{q} + C\dot{q} + Kq + \phi_q^T\lambda = F + F_c \\ \phi(q,t) = 0 \end{cases} \tag{2-18}$$

第 3 章 含转动副间隙机构动力学分析

由于铰间间隙的存在，含间隙机构与理想机构本质上是有区别的。含间隙机构动力学建模时，需要考虑铰间间隙这一主要因素，一方面需要正确合理地描述间隙，另一方面需要考虑由铰间间隙产生的接触碰撞特性。因此，含间隙机构是包含接触碰撞过程的非线性动力学系统，并且其动力学过程依赖间隙铰副元素的相对运动关系与接触碰撞过程。

接触碰撞是含间隙机构的典型现象，因此研究含间隙机构动力学特性，还需要考虑间隙铰接触碰撞过程的正确描述，接触碰撞力模型的选取是能否取得准确结果的关键因素。本章首先对运动副间隙碰撞力模型进行分析，进而建立一种旋转铰间隙接触碰撞力混合模型，对该模型进行碰撞分析，并将该模型应用到含间隙机构中，详细研究不同因素对含间隙机构动力学特性的影响。

3.1 接触碰撞力建模

为了分析旋转铰间隙对机构动力学特性的影响，首先建立间隙铰轴与轴承间的接触碰撞力模型。接触碰撞力模型必须考虑接触碰撞体的材料属性、几何特性、碰撞速度等信息。除此之外，将接触碰撞力模型应用到含间隙机构中时，还必须能够快速、稳定地对机构动力学方程求解。研究者认为，Hertz 接触力模型在分析不考虑润滑，以及运动速度较低的含间隙机构动力学特性时比较适合，但是 Hertz 接触力模型基于纯弹性理论，没有考虑接触碰撞过程中的能量损失，因此不能描述接触碰撞过程中的能量损失行为，无法描述连续的接触碰撞过程。但是，实际的含间隙机构运动是连续的，因此需要建立连续的接触力模型来分析含间隙机构的动力学特性。

连续接触碰撞力模型是一种以弹簧阻尼系统代替接触区复杂变形的近似方法，而且模型中必须包含轴与轴承接触碰撞过程中的能量损失。由于 Hertz 接触力模型没有考虑接触碰撞过程中的能量损失行为，国内外学者先后提出一系列不同的接触力模型反映接触碰撞过程中的能量损失。这些接触力模型主要有 Kelvin-Voigt 提出的黏弹性模型、Dubowsky 和 Freudenstein 提出的非线性弹簧阻尼模型、Hunt 和 Crossely 提出的非线性弹簧阻尼模型。Lankarani 等在 Hunt 和 Crossely 工作的基础上，提出基于 Hertz 接触理论和恢复系数的非线性弹簧阻尼碰撞力模型。

　　为了选择合适的接触碰撞力模型对含间隙机构进行动力学分析，首先对各种接触碰撞力模型进行分析。如图 3-1 所示，以含间隙旋转铰一次碰撞为例进行研究，轴承半径为 1cm，轴半径为 0.95cm，轴承与轴的弹性模量 $E = 207\text{GPa}$，泊松比 $\upsilon = 0.3$，轴的质量为 1kg，轴承固定，碰撞时轴的初始速度为 1m/s。

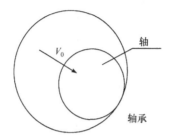

图 3-1　含间隙铰轴与轴承一次碰撞

3.1.1　Kelvin-Voigt 线性弹簧阻尼模型

　　首先对 Kelvin-Voigt 线性弹簧阻尼模型进行分析。在线性模型中，接触力定义为

$$F_n = K\delta + b\dot{\delta} \tag{3-1}$$

　　该模型(图 3-2)由两个平行的线性弹簧和阻尼器构成。选择 $K = 6.61 \times 10^{10}\text{N/m}$，$b = 2000\text{Ns/m}$，仿真结果如图 3-3 所示。

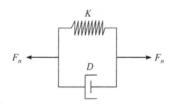

图 3-2　Kelvin-Voigt 线性弹簧阻尼模型

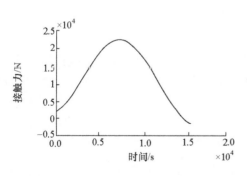
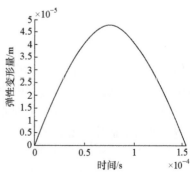

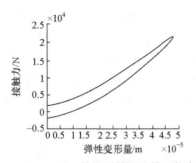

图 3-3　Kelvin-Voigt 线性弹簧阻尼模型仿真结果

由图 3-3 可知，采用 Kelvin-Voigt 线性弹簧阻尼模型对间隙接触碰撞分析时，比较简单方便，但是由于该模型采用线性弹簧阻尼，存在局限性，主要表现在计算时，接触碰撞力在碰撞开始的时候不连续。除此之外，在计算阻尼力的时候与实际情况也不相符，如碰撞恢复时，阻尼力与弹性力之和可能小于零。

3.1.2　Hertz 接触力模型

Hertz 接触理论是 Hertz 在研究弹性非协调接触时提出的一套理论。Hertz 接触力模型基于完全弹性变形，主要研究弹性体的准静态接触问题，并且该模型是非线性接触力模型，不考虑接触过程中的能量损失。Hertz 接触力模型可以用一个非线性弹簧描述，其接触力公式为

$$F_n = K\delta^n \tag{3-2}$$

其中，δ 为弹性变形量；K 为接触刚度系数，即

$$K = \frac{4}{3\pi(\sigma_i + \sigma_j)}\left(\frac{R_i R_j}{R_i - R_j}\right)^{\frac{1}{2}}$$

$$\sigma_i = \frac{1 - v_i^2}{\pi E_i}$$

$$\sigma_j = \frac{1 - v_j^2}{\pi E_j}$$

如图 3-4 所示，Hertz 接触力模型计算的接触力与变形量是非线性的关系，因此应用时不能反映间隙碰撞过程中的能量损耗。虽然 Hertz 接触力模型不能反映间隙铰轴与轴承接触碰撞过程中的能量损失，但是对于低速碰撞的非协调接触，却能较好地近似估计接触力。

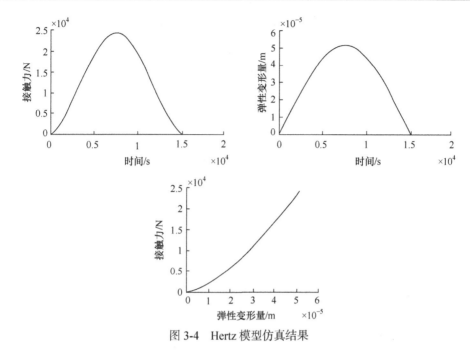

图 3-4　Hertz 模型仿真结果

3.1.3　Hunt-Crossley 非线性弹簧阻尼模型

对于低速碰撞的非协调接触,Hertz 接触力模型能较好地近似估计接触过程中的接触力。为了得到 Hertz 接触力模型的计算效果,并克服 Kelvin-Voigt 线性弹簧阻尼模型的局限性,Hunt 和 Crossley 基于 Hertz 接触理论,考虑接触过程中的能量损失,提出一种改进的接触碰撞力模型,即

$$F_n = K\delta^n + b\delta^n\dot{\delta} \tag{3-3}$$

其中,阻尼系数 b 与恢复系数 c_e 有关,对于中心碰撞,$c_e = 1 - \alpha\dot{\delta}_0$,$\alpha = 2b/3K$,恢复系数取 0.9。

由图 3-5 可知,在接触碰撞开始的时候,碰撞力是连续的,并且碰撞力与变形的关系是非线性的。

3.1.4　L-N 非线性弹簧阻尼模型

Lankarani 等在 Hunt 和 Crossley 研究工作的基础上,进一步推动了接触碰撞力模型的研究。Lankarani 和 Nikravesh 假设材料阻尼是接触碰撞过程中能量损失的来源,并且间隙铰轴与轴承为低速碰撞,建立了一种新的基于 Hertz 接触理论和恢复系数的非线性弹簧阻尼模型(记为 L-N 模型)。该模型的接触力公式为

$$F_n = K\delta^n + D\dot{\delta} \tag{3-4}$$

其中，K 为碰撞体的接触刚度系数；等号右边第一项代表接触碰撞过程的弹性变形力，由 Hertz 理论得到，第二项代表接触碰撞过程的阻尼力，反映接触碰撞过程中的能量损失行为；$\dot{\delta}$ 为相对碰撞速度；D 为碰撞过程的阻尼系数，即

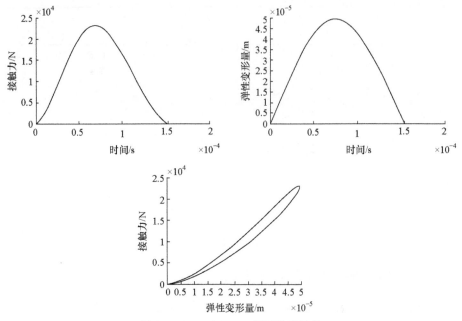

图 3-5　Hunt-Crossley 模型仿真结果

$$D = \eta \delta^n \tag{3-5}$$

其中，η 为黏滞阻尼因子。

假设能量损失是碰撞体的材料阻尼引起的，能量将以热的形式损耗，即

$$\Delta T = \frac{1}{2} m^{\text{eff}} \dot{\delta}^{(-)2} (1 - c_e^2) \tag{3-6}$$

其中，$m^{\text{eff}} = \dfrac{m_i m_j}{m_i + m_j}$。

能量损耗也可以通过接触力沿黏滞环的环路积分得到，如图 3-6 所示。假设在压缩和恢复阶段，阻尼力变形特性是相同的，因此可得

$$\Delta T = \oint D \dot{\delta} \mathrm{d}\delta = \oint \eta \delta^n \dot{\delta} \mathrm{d}\delta \approx 2 \int_0^{\delta_{\max}} \eta \delta^n \dot{\delta} \mathrm{d}\delta = \frac{2}{3} \frac{\eta}{K} m^{\text{eff}} \dot{\delta}^{(-)3} \tag{3-7}$$

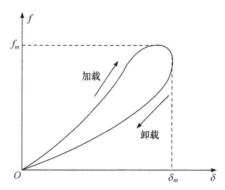

图 3-6　包含黏滞阻尼的 Hertz 接触力模型

结合式(3-6)与式(3-7)，可得

$$\eta = \frac{3K(1-c_e^{\,2})}{4\dot\delta^{(-)}}\tag{3-8}$$

因此，D 的表达式为

$$D = \frac{3K(1-c_e^{\,2})\delta^n}{4\dot\delta^{(-)}}\tag{3-9}$$

其中，c_e 为恢复系数；$\dot\delta^{(-)}$ 为撞击点的初始相对速度。

因此，式(3-4)可表示为

$$F_n = K\delta^n\left[1+\frac{3(1-c_e^{\,2})\dot\delta}{4\dot\delta^{(-)}}\right]\tag{3-10}$$

由于该非线性弹簧阻尼接触碰撞力模型能够反映接触碰撞过程中的能量损失行为，并且全面包含了碰撞体材料属性、局部变形、碰撞速度等信息，因此国内外学者广泛地应用该模型对含间隙机构动力学进行分析与研究。

取恢复系数为 0.9，基于 L-N 模型进行间隙一次碰撞计算。由图 3-7 可知，L-N 模型接触碰撞力连续，并且能够描述碰撞过程中的能量损耗。阻尼系数的推导过程考虑初始碰撞速度的影响，包含碰撞的初始速度信息。如理论公式所述，当接触力达到最大值时，变形也达到最大，并且期间有能量损失，接触力与形变的关系曲线，反映阻尼滞后的特性，刻画接触过程中材料阻尼导致的能量损失。

3.1.5　接触碰撞力模型分析

根据 Love 理论，L-N 接触碰撞力模型仅适用于碰撞速度较低的场合，即碰撞初始速度小于碰撞过程中弹性波的传播速度为

$$\dot\delta^{(-)} \leqslant 10^{-5}\sqrt{E/\rho}\tag{3-11}$$

其中，E 为碰撞体的弹性模量；ρ 为碰撞体的材料密度。

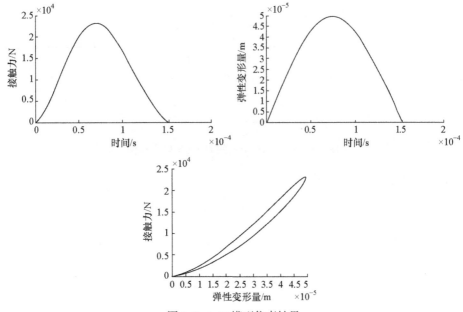

图 3-7　L-N 模型仿真结果

　　除此之外，式(3-2)和式(3-3)仅适用于碰撞体具有椭圆形或圆形接触表面的接触碰撞，因此当碰撞体具有圆柱形表面的接触碰撞时，L-N 接触碰撞力模型需要修正。一些学者建议将指数 n 的取值范围确定为 1~1.5[43,69]，则可直接采用式(3-10)描述基于圆柱形表面的物体接触碰撞行为。除此之外，由于 L-N 模型中阻尼系数的计算过程假设恢复系数接近于 1，因此适用于恢复系数接近于 1 的情况。

　　由此可知，L-N 连续接触力模型适用于低速碰撞的场合，以及恢复系数接近于 1 的碰撞过程。下面对不同恢复系数与不同初始碰撞速度下 L-N 接触碰撞力模型的计算结果进行分析。

　　① 为了研究不同恢复系数时，L-N 模型的计算结果，取间隙大小为 0.5mm，初始速度为 1m/s。不同恢复系数仿真结果如图 3-8 所示。

　　由图 3-8 可知。不同恢复系数的碰撞过程不同，恢复系数越大，碰撞过程的最大碰撞力越大，并且达到最大碰撞力所需的时间也越长；恢复系数越大，碰撞时的最大变形也越大，并且达到最大变形所需的时间也越长。分析其原因，恢复系数越大，碰撞过程的阻尼力越小，能量损耗也越小，引起的能量损耗较慢，从而达到最大碰撞力与最大变形所需的时间也越长，最大碰撞力与变形也越大。同时，由计算结果可以看出，恢复系数越小，能量损耗越多。

　　由于 L-N 模型中阻尼系数的计算过程假设恢复系数接近于 1，因此适用于恢复系数较大的碰撞分析。当恢复系数较小时，不能充分地反映碰撞过程中的能量损失，计算结果精度降低。

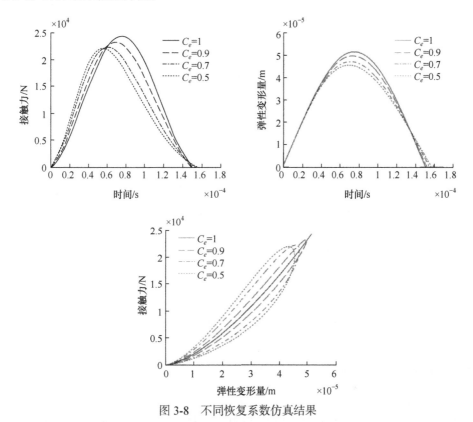

图 3-8　不同恢复系数仿真结果

②　为了研究不同初始碰撞速度时，L-N 模型的计算结果，取间隙大小为 0.5mm，恢复系数为 0.9，进行不同初始碰撞速度仿真分析。结果如图 3-9 所示。

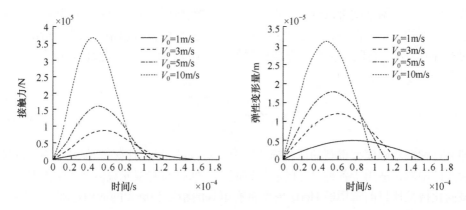

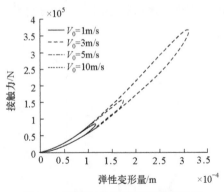

图 3-9　不同初始碰撞速度仿真结果

　　由此可知，当初始碰撞速度不同时，接触碰撞过程不同，造成的构件接触变形也不同。随着初始碰撞速度的增加，接触碰撞力急剧增大，造成的接触变形也急剧增大，并且碰撞时间缩短。由于初始碰撞速度的增加，碰撞接触变形变大，使接触面积增大，与 Hertz 理论的非协调接触条件相差变大，Hertz 解的误差也越大。

3.2　旋转铰间隙接触碰撞力混合模型

3.2.1　旋转铰间隙接触碰撞力混合模型

　　解决间隙铰接触问题的困难在于，接触体的轮廓不能通过接触点的曲率半径完全表示。根据参考文献[76]，弹性基础模型可以为间隙铰接触问题提供复杂情形下的简单近似解。处理弹性接触理论的困难在于，接触表面任一点的位移由整个接触区的压力分布决定。如果不采用弹性半空间，而是用 Winkler 弹性基础模拟物体，这一困难就可以避免。由于弹性基础模型可以为间隙铰接触问题提供复杂情形下的简单近似解，为了得到该问题合理简便的接触模型，Liu[126]给出了相应的计算方法。含间隙圆柱铰近似模型如图 3-10 所示。在一定假设基础上，载荷 P 与变形量 δ 的关系为

$$P = \frac{1}{2}\pi\delta E^* \sqrt{\frac{\delta}{2(\Delta R + \delta)}} \tag{3-12}$$

即通过弹性基础模型得到的适合描述间隙旋转铰的载荷与位移的关系，不受间隙大小的限制，适用于各种尺寸的旋转铰间隙。通过与有限元数值计算结果对比，该简化模型比目前常用的 Hertz 模型具有更好的精度和更大的适用范围。

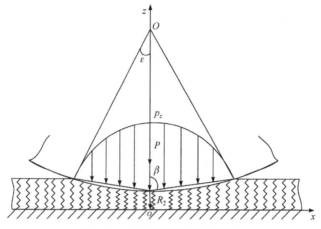

图 3-10　含间隙圆柱铰近似模型

对间隙接触碰撞力描述的准确程度是判断含间隙机构模型精细程度的一个主要指标，进而建立一种新的间隙连续接触碰撞力的混合模型。它是 L-N 模型与改进弹性基础模型的混合。

L-N 模型基于通用的 Hertz 接触力模型，并且考虑材料阻尼的影响，因此该模型能反映接触碰撞过程中的能量损失行为。其表达式为

$$F_n = K\delta^n + D\dot{\delta} \tag{3-13}$$

其中，K 为碰撞体的接触刚度系数；D 为接触碰撞过程的阻尼系数；δ 为接触过程的相对碰撞速度；等号右边第一项代表接触碰撞过程的弹性变形力，可由 Hertz 理论得到，第二项代表接触碰撞过程的阻尼力，反映接触碰撞过程中的能量损失行为。

式(3-13)中阻尼系数 D 的表达式为

$$D = \frac{3K(1-c_e^2)\delta^n}{4\dot{\delta}^{(-)}} \tag{3-14}$$

其中，c_e 为恢复系数；$\dot{\delta}^{(-)}$ 为撞击点的初始相对速度。

因为阻尼系数的推导过程假设恢复系数 $c_e \approx 1$，所以得到的表达式适用于较大的恢复系数。有文献对此做出修正，修正后阻尼与恢复系数之间的关系为

$$D_l = \frac{3K(1-c_e^2)\mathrm{e}^{2(1-c_e)}\delta^n}{4\dot{\delta}^{(-)}} \tag{3-15}$$

该阻尼系数不受碰撞恢复系数的限制。由于 Hertz 接触理论在处理大间隙非协调接触中可以得到令人满意的结果，而实际旋转铰的间隙很小，尤其在小间隙轴与轴承接触时，因此得到的结果往往是不精确的。在以往的大部分文献中，碰

撞接触刚度和阻尼系数都是根据简单计算，甚至经验取一个常值，这与实际情况是不符的。

本书基于式(3-12)，提出非线性刚度系数。非线性刚度系数通过求解基于改进弹性基础模型的间隙铰载荷-位移关系曲线在某瞬时碰撞点附近的曲线斜率得到，因此根据接触变形原理，引入间隙表达式(2-1)，由式(3-12)可以求得非线性刚度系数 K_n，即

$$K_n = \frac{1}{8}\pi E^* \sqrt{\frac{2\delta[3(R_B - R_J) + 2\delta]^2}{(R_B - R_J + \delta)^3}} \tag{3-16}$$

可以看出，非线性刚度系数不仅与碰撞体的材料和间隙大小(即几何尺寸)有关，还与接触过程中的变形有关，即与接触过程状态有关。当轴与轴承磨损前，即轴与轴承曲率没有变化时，非线性刚度系数与变形量有关；当铰间间隙磨损后，成为非规则磨损间隙时，非线性刚度系数还与曲率半径有关，可以描述非规则的接触表面。

进一步，对接触碰撞力模型中的阻尼系数进行改进，将阻尼系数表达式(3-15)中的接触刚度系数修正为非线性刚度系数，改进后的阻尼系数为

$$D_{\text{mod}} = \frac{3K_n(1 - c_e^2)\mathrm{e}^{2(1-c_e)}\delta^n}{4\dot{\delta}^{(-)}} \tag{3-17}$$

改进的阻尼系数 D_{mod} 引入了非线性刚度系数 K_n，包含初始碰撞速度与恢复系数，并且不受恢复系数的限制。

因此，式(3-17)通过在式(3-15)中引入基于改进弹性基础接触模型推导的非线性刚度系数与 L-N 模型中刚度系数之比得到。进一步，可以简写为

$$D_{\text{mod}} = \frac{K_n}{K}D_I \tag{3-18}$$

在此基础上，建立 L-N 模型与基于改进弹性基础接触模型的混合模型，采用 L-N 模型的形式，模型中的刚度系数应用基于改进弹性基础接触模型推导的非线性刚度系数 K_n，以及在 L-N 模型的阻尼力中引入改进弹性基础接触模型与 L-N 模型刚度系数之比，从而混合模型碰撞过程中的阻尼系数为 D_{mod}。因此，旋转铰间隙接触碰撞力混合模型的表达式为

$$F_{n\text{mod}} = K_n\delta^n + D_{\text{mod}}\dot{\delta} \tag{3-19}$$

其中，等号右边第一项代表碰撞过程中的弹性变形力，第二项为碰撞过程中的阻尼力项；δ 为弹性变形大小；$\dot{\delta}$ 为弹性变形速度；K_n 为非线性刚度系数；D_{mod} 为改进阻尼系数。

3.2.2　接触碰撞力混合模型分析

1. 不同恢复系数碰撞过程分析

为了研究不同恢复系数时，接触力混合模型的计算结果，对间隙一次碰撞进行分析。取间隙大小为 0.5mm，初始碰撞速度为 1m/s，进行不同恢复系数时仿真分析。

由图 3-11 可知，不同恢复系数的碰撞过程不同，恢复系数越大，碰撞过程的最大碰撞力越大，并且达到最大碰撞力所需的时间也越长，碰撞过程时间缩短；恢复系数越大，碰撞时的最大变形也越大，并且达到最大变形所需的时间也越长。分析其原因，恢复系数越大，碰撞过程阻尼力越小，能量损耗也越小，引起能量的损耗较慢，从而达到最大碰撞力与最大变形所需的时间也越长，最大碰撞力与变形也越大。由于恢复系数越大，碰撞恢复过程越快，因此碰撞过程时间缩短。接触力与形变的关系曲线可以反映阻尼滞后的特性，刻画接触过程中由材料阻尼导致的能量损失，恢复系数越小，碰撞过程的能量损耗越大。

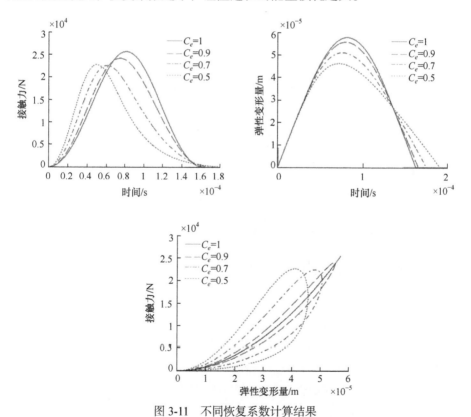

图 3-11　不同恢复系数计算结果

可以看出，接触碰撞力混合模型可以很好地反映恢复系数较小时碰撞过程中的能量损失，描述不同恢复系数时的碰撞过程。

2. 不同初始碰撞速度碰撞过程分析

为了研究不同初始碰撞时，接触碰撞力混合模型的计算结果，取间隙大小为0.5mm，恢复系数为0.9，进行不同初始碰撞速度仿真分析。

由图3-12可以看出，采用接触碰撞力混合模型对间隙接触碰撞分析，当初始碰撞速度不同时，接触碰撞过程也会不同，造成的构件接触变形不同，随着初始碰撞速度的增加，接触碰撞力急剧增大，造成的接触变形也急剧增大，并且碰撞时间缩短，符合实际情况。同时，正如理论公式所述，当接触力达到最大值时，变形也达到最大，并且期间有能量损失。接触力与形变的关系曲线可以反映阻尼滞后的特性。

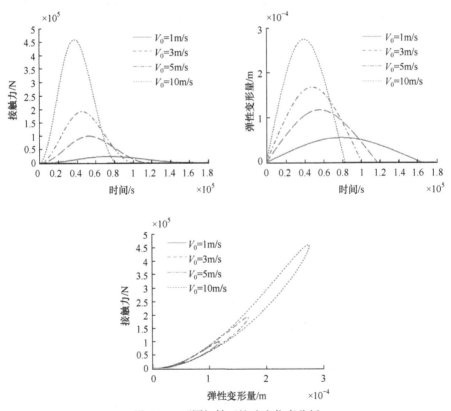

图3-12　不同初始碰撞速度仿真分析

3.3　切向摩擦力建模

含间隙机构运动副存在摩擦，会影响含间隙机构的动力学特性，因此在含间隙机构动力学建模过程中，还必须考虑铰间间隙的摩擦作用。本书不考虑润滑情况，因此铰间摩擦力为干摩擦情况。

铰间摩擦力模型应用最广泛的是 Coulomb 摩擦模型，认为摩擦力的大小与法向接触碰撞力成正比，即

$$F_t = \mu_d F_n \tag{3-20}$$

其中，μ_d 为滑动摩擦系数。

可以看出，最初的 Coulomb 摩擦模型没有考虑接触碰撞的切向速度项，与接触碰撞过程中的切向速度没有关系，无法处理数值计算时不同切向速度产生的不同摩擦状态间的转换问题。

针对上述问题，国内外学者做了大量的研究工作，对最初的 Coulomb 摩擦模型作了各种改进[84-88]，主要是为了解决在接触碰撞时切向速度为零的情况下，如何使摩擦力连续并能有效处理摩擦状态转换问题。Dubowsky 认为，碰撞时切向摩擦力是一个方向与切向速度相反的常力。该摩擦力模型(图 3-13(a))可以定性地反映摩擦力与切向速度之间的关系，其表达式为

$$\boldsymbol{F}_t = -c_c \frac{v_t}{v_t} \tag{3-21}$$

其中，v_t 为接触过程中的相对切向速度；c_c 为与法向接触力无关的系数。

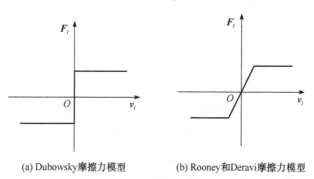

(a) Dubowsky摩擦力模型　　　(b) Rooney和Deravi摩擦力模型

图 3-13　摩擦力模型

Rooney 和 Deravi 提出一种摩擦力模型(图 3-13(b))，采用一组方程计算切向摩擦力。在该摩擦力模型中，当碰撞过程相对切向速度不趋向于零，即相对切向速度不为零时，摩擦力可以表示为

$$\boldsymbol{F}_t = -\mu_f F_n \frac{\boldsymbol{v}_t}{v_t} \tag{3-22}$$

当相对切向速度趋于零时，摩擦力可以表示为

$$-\mu_f F_n < F_t < \mu_f F_n \tag{3-23}$$

其中，F_n 为法向接触力；μ_f 为摩擦系数；v_t 为相对切向速度。

可以看出，当相对切向速度为零时，由标准 Coulomb 摩擦力模型计算得到的摩擦力直接由 $-F_t$ 跃变到 F_t，并没有考虑相对速度为零的情况。由于这个过程是瞬间完成的，因此在数值积分时很难实现。Rooney 和 Deravi 提出的摩擦力模型虽然可以解决摩擦力瞬间跃变的问题，但是仍无法确定相对切向速度趋于零时的摩擦力数值。

Threlfall 提出一种改进的摩擦力模型。在该摩擦力模型中，摩擦力由 $-F_t$ 跃变到 F_t 的过程中，当相对切向速度趋于零时，摩擦力可以表示为

$$\boldsymbol{F}_t = -\mu_f \boldsymbol{F}_n \frac{\boldsymbol{v}_t}{v_t} \left[1 - \mathrm{e}^{-\left(\frac{3v_t}{v_t}\right)} \right], \quad |v_t| < v_r \tag{3-24}$$

其中，v_r 为比 v_t 小的在切向速度趋向于零时的特征速度，是一个特定参数。

当 v_r 的取值比较小时，摩擦力模型就与图 3-13(a) 一致。当 v_r 取值比较适中时，便可使摩擦力曲线光滑，摩擦力模型如图 3-14(a) 所示。此模型的缺点是需要人为设定一个合适的 v_r 值，而 v_r 值的选取没有一定的准则，这就使模型不够准确，精度较差。

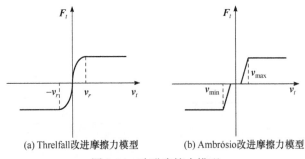

(a) Threlfall 改进摩擦力模型　　　　(b) Ambrósio 改进摩擦力模型

图 3-14　改进摩擦力模型

Ambrósio 提出另一种改进的 Coulomb 摩擦力模型，引入动态修正系数 c_d。因此，其切向摩擦力除了与滑动摩擦系数有关外，还与动态修正系数 c_d 有关，是一种动态摩擦力。该摩擦力模型可以表示为

$$\boldsymbol{F}_t = -\mu_d c_d \boldsymbol{F}_n \frac{\boldsymbol{v}_t}{v_t} \tag{3-25}$$

其中，μ_d 为滑动摩擦系数；c_d 为动态修正系数，即

$$c_d = \begin{cases} 0, & v_t < v_0 \\ \dfrac{v_t - v_0}{v_m - v_0}, & v_0 \leqslant v_t \leqslant v_m \\ 1, & v_t > v_m \end{cases} \tag{3-26}$$

其中，v_0 和 v_m 为给定的速度极限值。

　　Bhalerao 和 Issac 提出一种改进的 Coloumb 摩擦力模型。该模型中的摩擦系数是滑动速度 v_s，且 $v_s = 0$ 时不连续的函数，为了数值计算光滑，假设不存在静态摩擦，即 $v_s = 0$ 时，$\mu = 0$，并且在 $v_s = v_c$ 时，滑动速度增大到最大值 $\mu_{\max}$。随着 v_s 增加继续保持，可以用下式表达这种现象，即

$$\boldsymbol{F}_t = \mu(v_s)\boldsymbol{F}_n \tag{3-27}$$

$$\mu(v_s) = \begin{cases} -\mu_{\max}, & v_s < -v_c \\ 2\mu_{\max}\left[3\left(\dfrac{v_s + v_c}{2v_c}\right)^2 - 2\left(\dfrac{v_s + v_c}{2v_c}\right)^3 - \dfrac{1}{2}\right], & -v_c \leqslant v_s \leqslant v_c \\ \mu_{\max}, & v_c < v_s \end{cases} \tag{3-28}$$

其中，$\mu(v_s)$ 为奇函数。

　　为了更加准确地描述含间隙机构中轴与轴承间的摩擦行为，在 Bhalerao 和 Issac 基础上，采用修正的 Coulomb 摩擦力模型建立含间隙机构旋转铰轴与轴承间的摩擦力，在该修正的摩擦力模型中提出动态摩擦系数的概念，因此摩擦系数不是一个常数，而是与切向滑动速度有关，是切向滑动速度的函数。摩擦系数随滑动速度的变化曲线如图 3-15 所示。切向摩擦力计算公式为

$$F_t = -\mu(\boldsymbol{v}_t)F_n\frac{\boldsymbol{v}_t}{|\boldsymbol{v}_t|} \tag{3-29}$$

其中，$\mu(\boldsymbol{v}_t)$ 为动态摩擦系数，即

$$\mu(\boldsymbol{v}_t) = \begin{cases} -\mu_d \operatorname{sign}(v_t), & |v_t| > v_d \\ -\left\{ \mu_d + (\mu_s - \mu_d)\left(\dfrac{|v_t| - v_d}{v_s - v_d}\right)^2 \left[3 - 2\left(\dfrac{|v_t| - v_d}{v_s - v_d}\right)\right]\right\}\operatorname{sign}(v_t), & v_s \leqslant |v_t| \leqslant v_d \\ \mu_s - 2\mu_s\left(\dfrac{v_t + v_s}{2v_s}\right)^2 \left(3 - \dfrac{v_t + v_s}{v_s}\right), & |v_t| < v_s \end{cases}$$

$$\tag{3-30}$$

其中，v_t 为轴与轴承在碰撞点的相对滑动速度，即切向方向的速度分量；μ_d 为滑动摩擦系数；μ_s 为静摩擦系数；v_s 为静摩擦临界速度；v_d 为最大动摩擦临界速度。

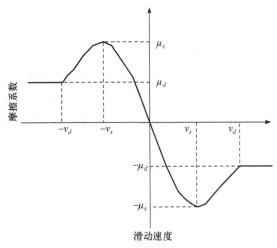

图 3-15　摩擦系数随滑动速度的变化曲线

3.4　接触力混合模型验证

为了充分验证间隙连续接触碰撞力的混合模型，以文献[69]中的曲柄滑块机构为对象，基于接触碰撞力混合模型，针对不同工况下的含间隙机构进行动力学仿真计算，将仿真结果与文献中的实验结果比较，分别通过不同间隙尺寸、不同曲柄转速情况下的仿真计算结果与实验结果相比较，验证接触碰撞力混合模型的正确性和有效性。

3.4.1　机构几何参数与质量特性

含间隙曲柄滑块机构示意图如图 3-16 所示。曲柄滑块机构的几何参数和质量特性如表 3-1 所示。材料参数和动力学仿真参数如表 3-2 所示。

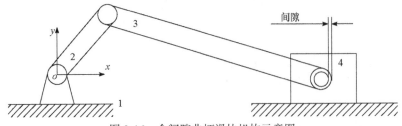

图 3-16　含间隙曲柄滑块机构示意图

在动力学仿真过程中，曲柄转速为 200r/min，初始状态为曲柄和连杆的水平，初始角度为 0，初始角速度为 0，仿真结果为机构达到稳定状态后相对于曲柄旋转两周的结果。运动副间隙不考虑润滑，为干摩擦。

表 3-1　几何参数和质量特性

机构	长度/m	质量/kg	惯量/(kg·m²)
曲柄	0.05	17.900	0.460327
连杆	0.3	1.13	0.0153
滑块	—	1.013	0.000772

表 3-2　材料参数和动力学仿真参数

恢复系数	摩擦系数	杨氏模量/GPa	泊松比
0.46	0.01	207	0.3

3.4.2　不同间隙尺寸仿真结果与分析

首先，取间隙大小为 0.25mm 进行动力学数值仿真，针对不同间隙进行数值计算，并与文献结果进行比较。滑块位移曲线如图 3-17 所示。图 3-18 所示为曲柄转速为 200r/min，不同间隙大小时滑块加速度变化曲线。

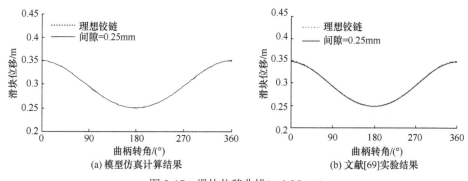

(a) 模型仿真计算结果　　　　　　　　(b) 文献[69]实验结果

图 3-17　滑块位移曲线(c=0.25mm)

由此可知，对于不同的间隙尺寸，应用建立的间隙连续接触碰撞力的混合模型仿真计算结果，与文献[69]实验结果基本吻合，整体来看符合得较好，出现偏差的原因是模型中忽略了关节铰柔性、滑块处滑移铰的摩擦，以及实验中轴与轴承对准有偏差、测量误差等影响。含间隙机构滑块的加速度围绕理想机构滑块加速度波动，出现许多峰值，可以看出间隙的存在使滑块加速度出现高频的振荡，并且间隙越小，滑块加速度抖动的频率越高，但是抖动幅值较小，与实验结果相符合。

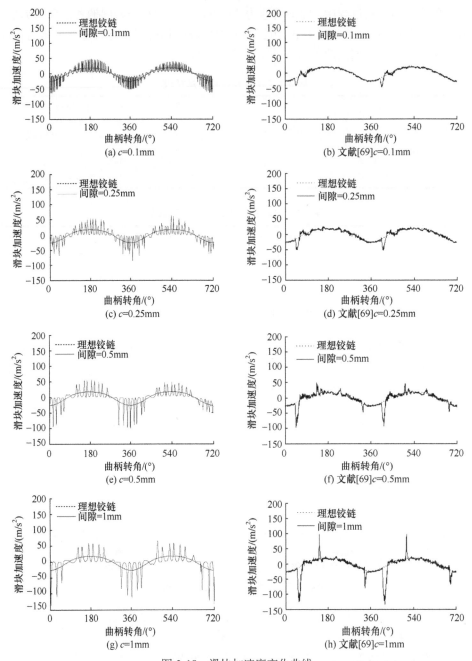

图 3-18　滑块加速度变化曲线

如图 3-19 所示，间隙的存在使铰关节碰撞力增大，并且呈现高频振荡的特点，间隙越大，碰撞力越大，但是碰撞次数减少。

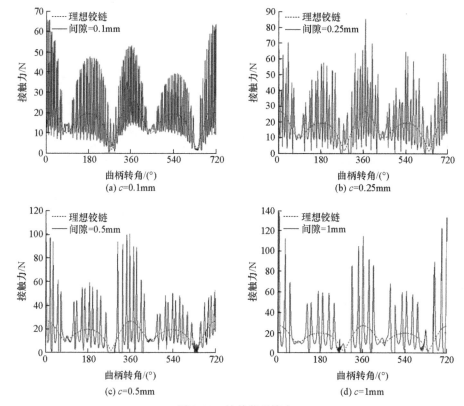

图 3-19　铰关节碰撞力

3.4.3　不同曲柄转速仿真结果与分析

取间隙大小为 c=0.25mm，对不同曲柄转速大小进行动力学仿真，并与文献[69]实验结果比较，进一步验证接触碰撞力混合模型的有效性。如图 3-20 所示，对于不同的曲柄转速,应用建立的间隙连续接触碰撞力的混合模型仿真计算结果，与文献[69]实验结果基本吻合，整体来看符合得较好，出现偏差的原因是模型中忽略了关节铰柔性、滑块处滑移铰的摩擦，并且实验中轴与轴承对准有偏差、测量误差等。当转速较小时，含间隙机构滑块加速度与理想机构加速度的偏差较小，随着曲柄转速的增加，机构抖动越来越明显，幅值也越来越大，机构振荡得更厉害，与实验结果一致。可以看出，间隙的存在使滑块加速度出现高频的振荡，并且转速越大，滑块加速度抖动的幅值也越高。进一步，分析基于间隙碰撞力混合模型计算得到的旋转铰关节间隙碰撞力(图 3-21)。间隙的存在使铰关节碰撞力增大，并且呈现高频振荡的特点，转速越高，碰撞力越大。

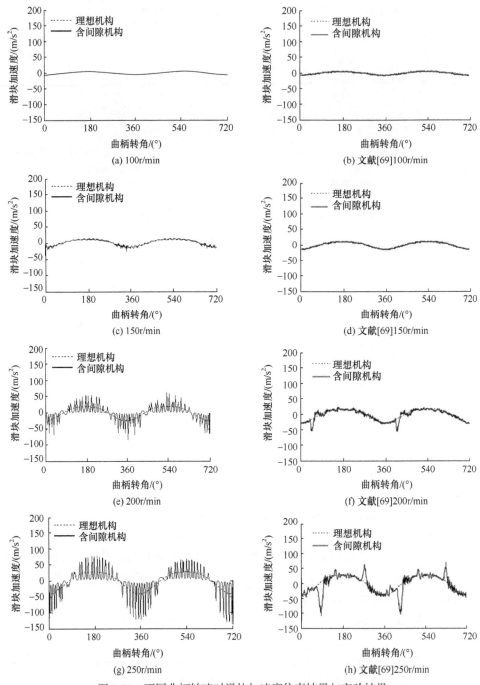

图 3-20　不同曲柄转速时滑块加速度仿真结果与实验结果

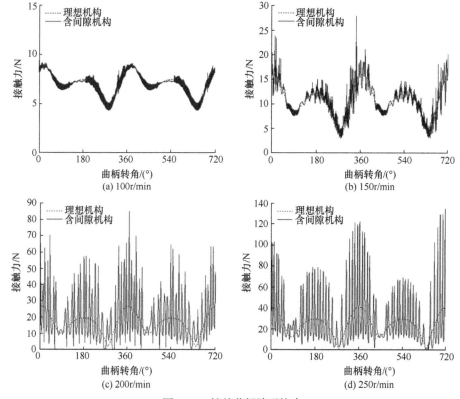

图 3-21　铰关节间隙碰撞力

通过以上旋转铰间隙连续接触碰撞力的混合模型计算结果与实验结果对比可知。

① 旋转铰间隙连续接触碰撞力的混合模型可以合理地描述旋转铰间隙接触碰撞过程，较好地反映含间隙机构间隙接触碰撞特性，以及机构的动态特性。仿真计算结果与实验结果符合得较好。

② 铰间间隙对机构动态性能的影响是不容忽视的，间隙的存在使滑块加速度出现波动，运动稳定性降低，并使铰关节碰撞力增大，呈现高频振荡的特点。间隙越大，转速越高，间隙碰撞力越大。

3.5　含间隙机构动力学影响因素分析

在以上含间隙碰撞力模型分析的基础上，本节基于新建立的碰撞力混合模型，进一步考虑不同影响因素对含转动副间隙的机构动力学特性进行分析，以含间隙铰链四杆机构为对象，如图 3-22 所示。该机构由主动曲柄、连杆、随动曲柄杆和机架组成，杆长分别为 0.55m、0.36m、0.64m 和 0.21m，质量分别为 3.6235kg、2.4394kg 和 4.1894kg，惯量分别为 0.10214kg·m²、0.031428kg·m² 和 0.15769 kg·m²。各构件之间均用旋转铰连接，考虑间隙在连杆和随动杆之间，详细研究间隙尺寸、驱动速度和间隙摩擦系数对含间隙机构动力学特性的影响规律。

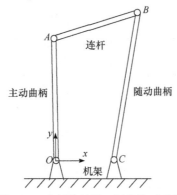

图 3-22　含间隙铰链四杆机构示意图

3.5.1　间隙尺寸对机构动态特性影响

首先，研究不同间隙大小对机构动态特性的影响，取间隙大小为 0.5mm、0.25mm、0.1mm、0.01mm 进行动力学仿真分析。

如图 3-23 所示，对于不同的间隙大小，随动杆的动态特性差别很大。具体表现为，间隙越大，对随动杆角加速度的影响越大，抖动幅值越大，因此间隙越大，铰间间隙碰撞力抖动峰值也越大。当铰间间隙增大时，机构动态行为曲线抖动更加剧烈，表现为有较大的抖动峰值，系统的动力学特性偏离理想机构，并且对不同的间隙大小，机构出现抖动的位置不同，因此产生误差的时间和位置也不同。

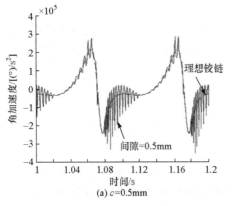

(a) c=0.5mm

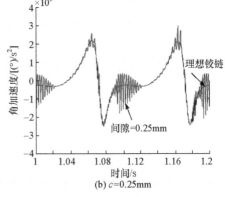

(b) c=0.25mm

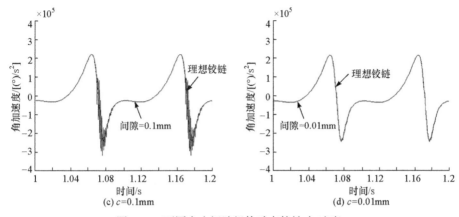

图 3-23 不同大小间隙机构动态特性(加速度)

由图 3-24 和图 3-25 可知,间隙对机构动态特性的影响表现出类似的结果。分析以上不同间隙时机构动态特性可知,间隙越大,对机构动态特性的影响也越大,机构的动力学性能就越偏离理想机构,机构的运动精度和稳定性也越差,对机构的破坏也越大,降低机构的可靠性和使用寿命,因此运动副间隙大小是影响机构动态特性的一个重要因素。

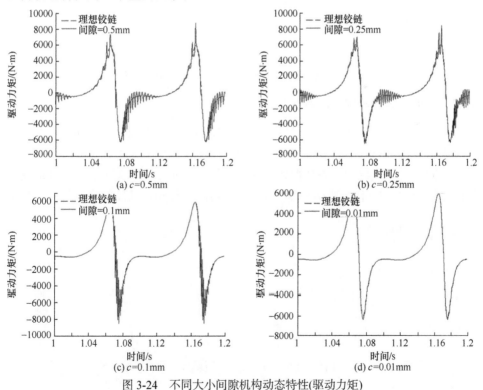

图 3-24 不同大小间隙机构动态特性(驱动力矩)

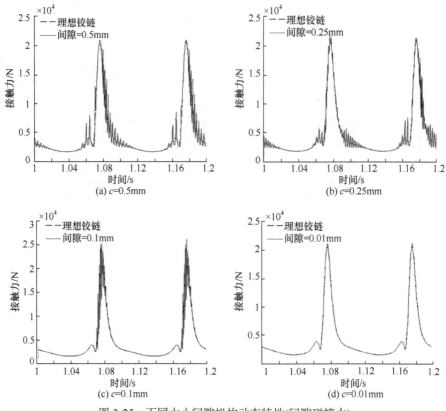

图 3-25　不同大小间隙机构动态特性(间隙碰撞力)

3.5.2　曲柄转速对机构动态特性影响

进一步研究曲柄转速大小对机构动态特性的影响，取间隙为 0.5mm，曲柄转速大小为 600r/min、450r/min、300r/min 和 150r/min 进行动力学仿真分析。

不同曲柄转速机构动态特性如图 3-26 所示。不同曲柄转速时，随动杆的动态特性差别很大。具体表现为曲柄转速越小，对随动杆角加速度的影响降低，抖动

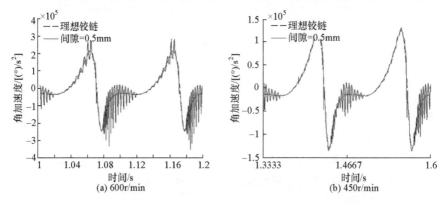

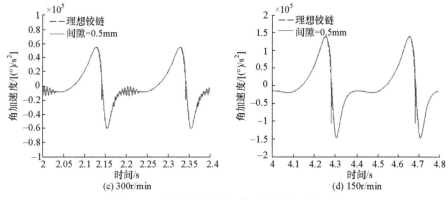

图 3-26　不同曲柄转速机构动态特性(加速度)

幅值变小,因此曲柄转速越小,铰间间隙碰撞力抖动峰值越小。当曲柄转速较低时,机构动态行为曲线变得更加光滑,表现为有较小的抖动峰值,并且转速越低,系统的动力学特性越趋于理想机构。

　　由图 3-27 和图 3-28 可知,曲柄转速对含间隙机构动态特性的影响体现出相同的规律。

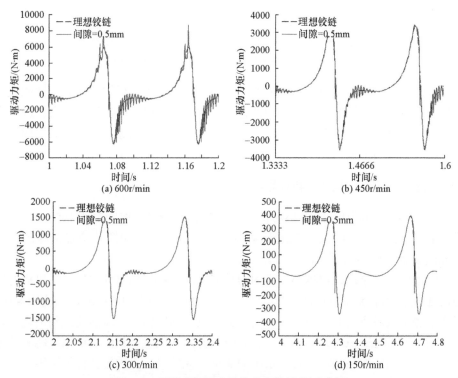

图 3-27　不同曲柄转速机构动态特性(驱动力矩)

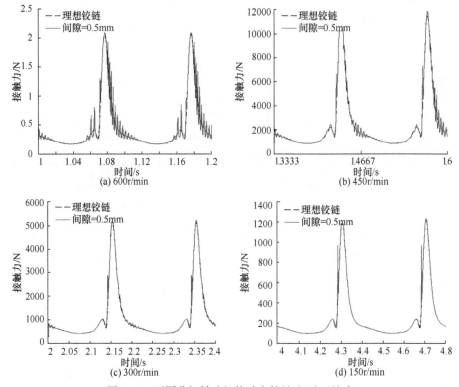

图 3-28　不同曲柄转速机构动态特性(间隙碰撞力)

由此可知，转速越高，对机构动态特性的影响越大，机构的动力学性能就越偏离理想机构，机构的运动精度和稳定性也越差，对机构的破坏也越大，进而降低机构的可靠性和使用寿命。因此，当机构运动副存在间隙时，转速对机构的动态特性有重要的影响。

3.5.3　摩擦系数对机构动态特性影响

进一步研究间隙摩擦大小对机构动态特性的影响，取间隙为 0.5mm，摩擦系数取 0.05、0.1、0.15、0.2 进行动力学仿真分析。随动杆的动态特性仿真结果如图 3-29～图 3-31 所示。

由此可知，摩擦系数越小，机构的动力学性能就越偏离理想机构，机构的运动精度和稳定性越差，对机构的破坏也越大，进而降低机构的可靠性和使用寿命，因此摩擦系数对机构的动态特性有明显的影响。其原因是，摩擦能起到消耗能量的作用。当考虑摩擦时，碰撞阻尼和摩擦同时消耗能量，从而加快系统能量的损耗。因此，当摩擦系数较小时，系统的能量消耗较慢，机构振荡得更厉害，更加偏离理想机构。

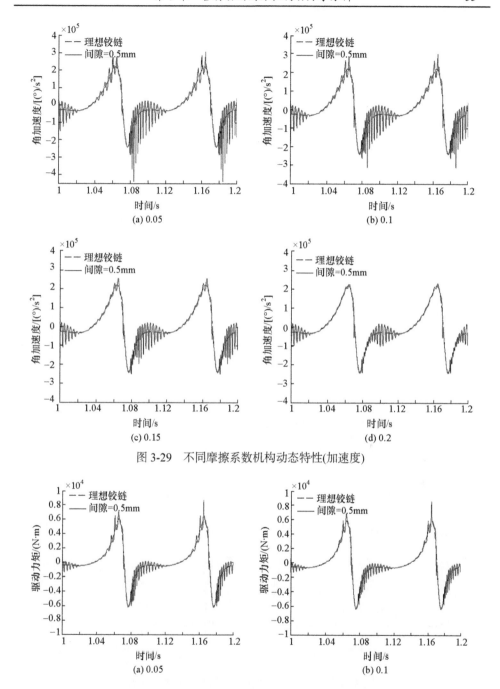

图 3-29　不同摩擦系数机构动态特性(加速度)

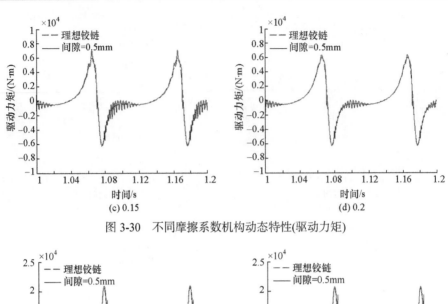

(c) 0.15   (d) 0.2

图 3-30　不同摩擦系数机构动态特性(驱动力矩)

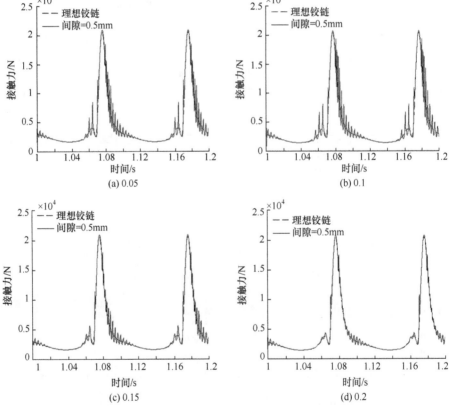

(a) 0.05   (b) 0.1

(c) 0.15   (d) 0.2

图 3-31　不同摩擦系数机构动态特性(间隙碰撞力)

第 4 章 含间隙转动副磨损动力学特性

在实际工程中，同机构运动副间隙不可避免一样，含间隙运动副中同样存在不同形式的摩擦行为，有摩擦必然存在磨损。在机构运行过程中，运动副副元素轴与轴承由于摩擦磨损，会导致间隙进一步变大，并且磨损后的间隙非规则变化，进一步机构的动力学特性也随之发生变化。目前，有关含间隙机构的研究工作都是人为假设运动副间隙在机构工作过程中固定不变，即都是针对运动副具有规则的装配间隙情况。在实际中，由于摩擦磨损效应，运动副在机构运行过程中会非均匀磨损，因此运动副间隙在机构运行期间会因磨损呈现不规则的变化，并不断加大。目前关于磨损问题的研究多集中于实验方法，并且只能就某种具体的零件材料进行大量规律性的实验研究，不仅成本高，耗费大量的人力和物力，而且对于复杂的动态磨损问题，只能通过实验得到材料磨损率与各影响因素之间的简单函数关系，无法考虑接触工况在含间隙机构运行过程中不断变化的动态问题。

尽管当前磨损计算理论还远不成熟，但是各种工程实际问题对间隙运动副磨损预测的需求却日益迫切。目前磨损的分析研究还是以实验方法为主，较少应用数值仿真分析方法。因此，本章采用理论建模与数学仿真对含间隙机构运动副动态磨损特性进行研究，提取间隙接触碰撞载荷谱，基于 Archard 磨损模型建立间隙铰磨损的动态计算模型，以含间隙四连杆机构为对象，对含间隙机构运动副磨损过程进行数学仿真，并对磨损后的轴表面轮廓进行重构。在此基础上，深入研究转动副间隙磨损对机构动力学特性的影响。

4.1 摩擦磨损基本理论

4.1.1 摩擦磨损

摩擦学的研究对于国民经济具有重要意义，并且磨损属于摩擦学的研究范畴。统计表明，全世界每年大约有 1/3～1/2 的能源消耗在各种形式的摩擦上。磨损是摩擦引起的，而磨损是机械设备和机构零件失效的主要原因，大约有 80%的零件损坏是各种形式的磨损造成的。因此，控制摩擦减少磨损，改善润滑性能已成为缩短维修时间、节约能源和原材料的重要措施。同时，摩擦磨损的研究对于提高产品的质量、延长机械设备和机构零件的使用寿命、增加机械系统的可靠性也有重要作用。由于摩擦学对机械机构的巨大影响，已经引起世界各国的普遍重视并迅速发展，得到广泛的应用。

20世纪30年代以后，磨损问题已经成为影响机械装备正常工作的薄弱环节。特别是，对高速、重载、精密和特殊工况下工作的机械，对磨损研究提出了迫切的要求。同时，20世纪60年代以来其他学科，如材料科学、表面物理与化学、表面测试技术等的发展，也促进了磨损机理研究的发展。

研究磨损的目的是寻求控制磨损的方法、提高耐磨性的措施、提高机构的可靠性、延长机构的使用寿命。一般来说，磨损研究的主要内容包括磨损的类型，以及各种影响因素下的磨损规律；各种磨损工况和磨损条件下的磨损计算模型；提高机构耐磨性的方法和措施；磨损的实验测试技术与分析方法。

4.1.2　磨损基本规律

磨损是由摩擦引起的，学者比较一致地认为，磨损是接触物体表面产生的固体材料损耗现象，进而引起固体表面尺寸和形状的改变。由于磨损是机械设备在正常工作过程中不可避免的，因此只要机械零件的磨损量不超过允许值，并且在规定的使用期限内，就可以认为是一种正常磨损现象。

如图4-1所示，机械磨损可划分为三个典型阶段，即跑合期，特点是磨损速度较快，但时间较短；稳定磨损期，特点是磨损量与时间近似为线性函数关系，并且持续时间较长，是机械的主要工作期；剧烈磨损期，特点是磨损剧烈，甚至导致机械无法正常工作。

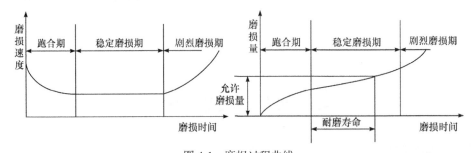

图4-1　磨损过程曲线

对于重要的机械设备，在出厂前一般必须经过产品跑合验收，可以认为磨损的第一阶段在机械产品出厂前基本完成。磨损的第三阶段属于机械系统工作条件恶化导致的剧烈磨损，应避免机械在第三阶段工作。因此，在进行含间隙铰磨损研究时，可以抛开磨损第一阶段和第三阶段，重点考虑稳定磨损阶段间隙铰的磨损特性。就机构及其间隙铰磨损过程而言，希望尽早由跑合期进入稳定磨损阶段，而且只有稳定磨损阶段的磨损才是稳定的和具有规律性的。

4.2　含间隙转动副磨损动态计算模型

4.2.1　Archard 磨损模型

目前大部分关于磨损的研究都是针对具体对象或问题展开的，因此得到的磨损计算公式不具备通用性，限制很多。Archard 磨损模型是最常用的磨损计算公式，其计算结果较为准确。

Archard 磨损模型的计算公式为

$$\frac{V}{s} = \frac{kF_n}{H} \tag{4-1}$$

其中，V 和 s 为体积磨损量和相对滑移距离；F_n 为法向碰撞力；k 为无量纲的磨损系数；H 为较软材料的硬度。

式(4-1)表明，运动副的磨损量与法向接触载荷和滑移距离成正比，与运动副中较软材料的硬度成反比。Archard 进一步将式(4-1)写为

$$\frac{V}{s} = kA_a = \frac{kF_n}{H} \tag{4-2}$$

其中，A_a 为实际接触面积。

式(4-2)两边同时除以 A_a，可得

$$\frac{h}{s} = \frac{kp}{H} \tag{4-3}$$

其中，h 为磨损深度，在工程实际中比体积磨损量更方便，磨损深度与接触碰撞力有关。

4.2.2　间隙旋转铰磨损动态计算模型

由于含间隙旋转铰轴与轴承的接触碰撞点在机构运行过程中不断变化，并且接触碰撞力也是动态变化的，机构运行过程中轴与轴承接触碰撞点的滑移距离也时刻变化，因此不能直接采用式(4-3)计算含间隙机构旋转铰的动态磨损特性。考虑 h/s 代表任意时刻的磨损率，因此在实际求解时，采用微分的形式计算。式(4-3)可以写为

$$\frac{\mathrm{d}h}{\mathrm{d}s} = \frac{kp}{H} \tag{4-4}$$

因此，磨损过程可以看作动力学问题。磨损仿真求解运动副磨损深度时，磨损系数 k 与接触碰撞力是关键参数。某个接触时段 ds 内的磨损深度 h_i 可以通过

式(4-4)在 ds 时段内积分得到。在机构运行过程中，若某离散区间内发生 n 次接触碰撞，则该区间总的磨损深度为

$$h = \sum h_i \tag{4-5}$$

考虑旋转铰的几何属性，磨损后新的轴与轴承半径在每一个离散区间为

$$R_J^f = R_J - \frac{h}{2}$$

$$R_B^f = R_B + \frac{h}{2} \tag{4-6}$$

其中，R_J 与 R_B 为轴与轴承的初始半径；h 为总的磨损量，认为轴与轴承的磨损深度相同，即轴与轴承各磨损一半。

4.2.3　滑移距离计算模型

间隙运动副元素在每一个接触瞬间可以认为接触工况保持不变，此刻的磨损量为一个定值。因此，建立运动副动态磨损模型，必须先把连续接触过程离散化。

如图 4-2 所示，曲线 s 表示轴相对于轴承的一段连续接触滑动曲线，在足够小的 Δt_i 内的滑移距离为 Δs，因此滑移距离可以通过下式获得[38,39]，即

$$\Delta s_i = (R_J + \delta)\Delta \Phi(t_i) \tag{4-7}$$

其中，R_J 为轴的半径；δ 为轴承的变形量；$\Delta \Phi(t_i)$ 为 Δt_i 时刻轴运动的角度。

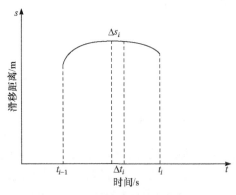

图 4-2　滑移距离离散化示意图

4.3　含间隙转动副磨损预测

基于以上建立的间隙铰磨损模型，以 3.5 节含间隙铰链四连杆机构为研究对象，进行含间隙机构运动副动态磨损特性分析，并对磨损后的轴表面形貌重构。初始间隙大小为 0.5mm，曲柄速度为 600r/min。

4.3.1 含间隙机构动态特性分析

下面对间隙矢量距变化规律与含间隙时旋转铰轴中心的运动轨迹进行分析。从间隙矢量距(图 4-3)与曲柄转角的变化关系可以看出,曲柄转至 10.8°位置时,间隙矢量距小于间隙大小,运动副元素出现分离。随后间隙矢量距变化平稳,并且始终大于初始间隙,轴与轴承持续接触,出现连续接触变形,曲柄转至 300°位置时,间隙矢量距剧烈波动,表明运动副元素剧烈变形,从而使机构角加速度、运动副间隙接触力随之发生变化。如图 4-4 所示,机构运动稳定后,轴与轴承始终保持接触,出现连续接触变形。

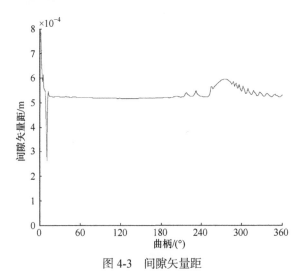

图 4-3 间隙矢量距

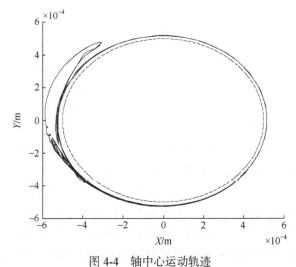

图 4-4 轴中心运动轨迹

4.3.2　间隙铰动态磨损特性

下面研究机构的磨损特性随曲柄转角的关系，即曲柄转动到某一时刻或某一位置，运动副各点的磨损情况，其中无量纲的磨损系数 $k = 1.736 \times 10^{-4}$，材料硬度为 $H = 2.17 \times 10^{9} \mathrm{Pa}$。

如图 4-5 所示，在曲柄运转的一个周期内，运动副的磨损量在每个位置都不同。进一步分析可知，当曲柄工作转角在 260° 和 300° 时，磨损量较大，间隙运动副轴和轴承磨损较为严重，因此曲柄在此工作区间工作时，运动副间隙磨损最严重，说明间隙运动副轴和轴承并非均匀磨损，而是在某个区域磨损较为严重。

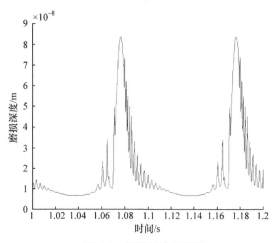

图 4-5　间隙铰磨损深度

如图 4-6 所示，运动副轴相对于轴承的滑移距离并非连续平滑，而是动态变化的。某些位置滑移距离剧烈变化，造成磨损加剧。对比图 4-5 中运动副动态磨损深度可知，这与磨损深度较严重的位置相同。如图 4-7 所示，接触角是指间隙铰轴与轴承连续接触的角度。可以看出，接触角曲线并非连续平滑。由于机构的转速很高，接触角在某些位置发生剧烈波动，说明副元素在这些位置发生反复的接触变形，碰撞力剧烈波动，造成磨损加剧，因此出现非均匀磨损。这与文献[99]，[100]中含间隙曲柄滑块机构运动副间隙磨损的研究结果相同。

进一步，对机构进行动态磨损特性进行分析。如图 4-8 所示，曲柄转角在不同的工作区间时，间隙铰表面表现出不同的磨损特征，在某些工作区间磨损量较大，运动副轴和轴承磨损较为严重，因此该区域为运动副间隙磨损最严重的区域。进一步分析可知，磨损较为严重的区域为曲柄转角在 260° 和 300° 之间工作时的磨损。这一现象与工程实际情况符合，间隙铰轴和轴承表面接触在一些区域接触得更加频繁和严重。如图 4-9 所示，曲柄在不同的工作区间，磨损深度不同，并且随着工作时间的延长，磨损深度增加。

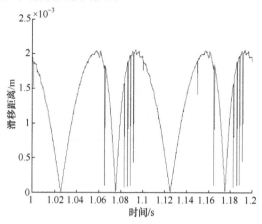

图 4-6　滑移距离

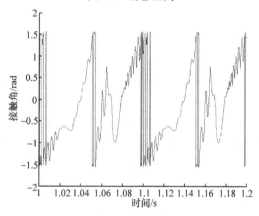

图 4-7　接触角

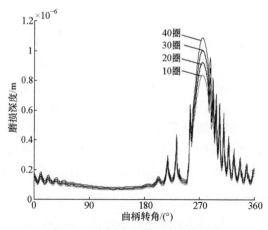

图 4-8　不同曲柄工作圈数磨损深度

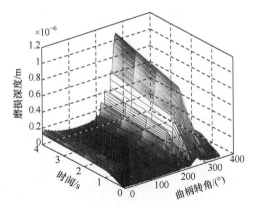

图 4-9　磨损深度随曲柄工作区间与工作时间的关系

4.3.3　磨损表面重构

在分析了运动副磨损深度随曲柄工作区间与工作时间的关系后，需要进一步对磨损后的间隙铰表面进行重构，因此需要对动态磨损深度进行空间分布，将磨损深度对应到轴磨损表面上，分析轴表面的磨损特性。

以上计算得到的磨损深度是随时间或曲柄工作区间的变化情况，然而对间隙铰轴与轴承磨损后的表面轮廓重构时，需要将以上计算得到的磨损深度与间隙铰离散区间点一一对应。进一步可知，磨损后轴的曲率半径可以通过轴初始的各离散点半径减去对应的磨损深度得到。因此，首先对间隙铰初始轮廓进行离散，在每一个积分时间步长，当轴与轴承发生碰撞，计算某离散区域的磨损深度并保存，仿真结束后，该离散区域的磨损深度是每一个时间步长计算的磨损深度之和。该方法可以定量地分析磨损深度，称为增量法。应用增量法，可以计算磨损后运动副表面新的几何形貌[3]。

首先，研究磨损后的间隙变化规律。如图 4-10 所示，初始间隙为规则的间隙圆，半径为初始间隙大小(0.5mm)，磨损后的间隙变大，说明间隙将导致磨损，磨损进一步使间隙增大。由于磨损量很小，图 4-11 为磨损量与缩小后的间隙对比(假设间隙为 0.005mm)。可以看出，磨损后的间隙非规则变化，某些区域磨损严重，是非规则的间隙。由此可知，磨损后，一方面，间隙变大，表明在机构稳态运行的过程，轴与轴承始终保持接触并磨损；另一方面，间隙在某些位置变化较大，某些位置变化较小，间隙表面曲率并不一样，表明在机构运行期间，某些位置接触较为频繁，并且碰撞力较大，使机构在此区域磨损加剧。因此，磨损后的铰间间隙是非规则变化的。

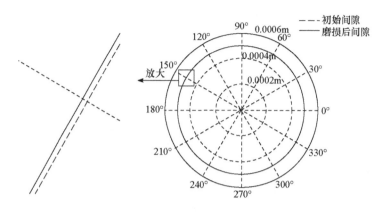

图 4-10　磨损后的间隙变化规律

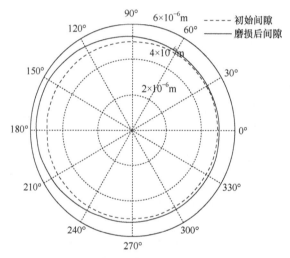

图 4-11　磨损量相对于 0.005mm 间隙

　　然后，对磨损后的轴表面进行重构。如图 4-12 所示，磨损后轴的半径变小，说明间隙导致磨损，磨损进一步使轴半径减小。由于磨损量很小，假设将初始的轴缩小为 10μm 的圆，由图 4-13 可知，磨损后的轴表面为非圆形，轴的曲率半径动态变化，不是常值。磨损后的轴表面光滑连续，说明在机构稳态运行期间，轴和轴承持续接触，接触表面连续，磨损后轴表面光滑，没有出现材料脱落，形成表面突变有坑的状态，符合工程实际情况。因此，磨损后，一方面轴半径减小，表明在机构稳态运行过程，轴与轴承始终保持接触并磨损，另一方面轴半径在某些位置变化较大，某些位置变化较小，轴表面曲率并不一样，表明在机构运行期间，某些位置接触较为频繁且碰撞力较大，使此区域磨损加剧，因此磨损后的轴表面是非规则的。这与文献[3]，[4]中的研究结果相同。

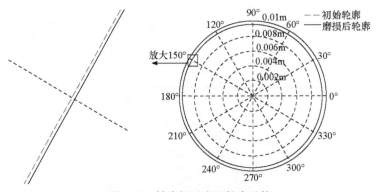

图 4-12　轴磨损后表面轮廓重构

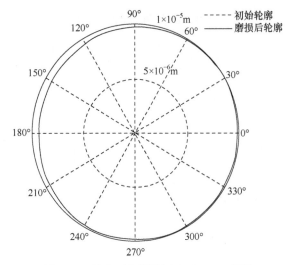

图 4-13　轴表面磨损量相对于 10μm 的圆

由以上分析可知，含间隙机构间隙铰是非规则磨损。非规则磨损导致铰间间隙变大，并且是非规则的动态间隙。磨损后轴半径减小，并且轴表面曲率半径动态变化。

进一步通过深入的分析发现，间隙铰非规则磨损主要有两个原因。一是，在机构运行期间，运动副间隙碰撞力在不同区域的大小不同(图 4-14)，有的区域碰撞力较大，有的区域碰撞力较小。碰撞力大的区域磨损较为严重。二是，轴会在某个区域往复运动，频繁接触(图 4-15)，使该区域磨损加剧，磨损量较大。

由于磨损后轴的曲率半径是非规则的，并不是常数，因此间隙大小也不是常值，而是动态变化的。这对间隙接触碰撞力模型提出了新的要求，需要考虑磨损后间隙的动态变化特征，反映非规则表面之间的接触。

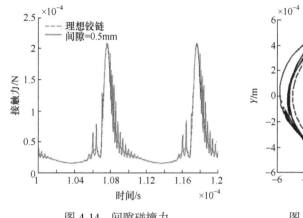

图 4-14 间隙碰撞力

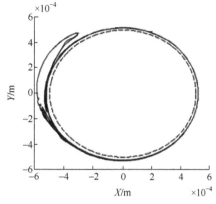

图 4-15 轴中心运动轨迹

4.4 磨损间隙对机构动力学特性影响

在以上研究的基础上，对考虑磨损间隙时机构的动力学特性进行研究，建立含磨损间隙的机构动力学与磨损特性集成分析方法，对非规则磨损间隙对机构动态特性的影响进行研究。由于动态非规则磨损间隙自身的特点，需要解决以下关键问题。

① 由于磨损间隙非规则变化，因此磨损后的间隙动态变化，需要对非线性接触刚度系数进一步改进，将动态非规则间隙动态变化特征引入非线性接触刚度系数中。在非线性接触刚度的基础上，结合动态磨损间隙非规则变化的特点，利用非线性动态变刚度系数，对含磨损间隙铰非规则磨损表面的接触进行分析。

② 研究磨损后的非规则动态间隙对机构动态特性的影响分析，需要考虑运动副磨损模型与含间隙机构动力学分析的集成，因此含磨损间隙机构动力学特性的分析包含运动副磨损分析与动力学分析。两者相互联系，相互影响，形成含磨损间隙机构动力学分析的闭环系统。含间隙机构动力学与磨损分析集成如图 4-16 所示。

4.4.1 运动副磨损分析与动力学分析集成

大多数机构系统的失效都与磨损有密切的关系，机构系统中的磨损行为和动力学行为是密切联系的，特别是机构长时间运行后磨损造成的间隙铰几何形状与尺寸变化，间隙非规则增大，从而引起机构动力学性能的变化。这种变化反过来又会加重磨损。

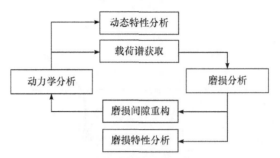

图 4-16   含间隙机构动力学与磨损分析集成

数值仿真技术已经在机构设计中得到广泛应用，但是磨损的分析研究还是以实验测试为主要手段，较少应用数值仿真分析方法。本节以含间隙机构为对象，研究磨损导致的间隙非规则增大与机构动力学特性在含间隙机构运行过程中的相互影响，进一步建立磨损与动力学集成分析框架，对含间隙机构动力学特性与磨损特性进行集成分析。

当运动副存在间隙时，系统的动力学行为将发生变化。间隙的存在会增大关节碰撞力，产生持续的脉冲式的接触碰撞力。碰撞力呈现高频振荡的特点。间隙越大，间隙碰撞力也越大，会加剧机构的破坏与磨损，降低机构的运动精度和稳定性。

4.2 节与 4.3 节建立了间隙铰动态磨损计算模型，并对含间隙运动副动态磨损过程进行分析，预测运动副间隙的非规则磨损特性，发现运动副非规则磨损的原因，并对磨损后的间隙与轴表面形貌进行重构。本节将运动副磨损模型集成到含间隙多体系统动力学分析中，可以获得当运动副存在非规则磨损间隙时，含磨损间隙机构的动态行为。集成模型包含动力学分析和磨损分析。

4.4.2   动力学分析

集成过程的第一步是进行含间隙时系统动力学特性分析，从而获得铰关节的约束反力，包括碰撞力的幅值和方向，以及获得滑移距离等，即建立含间隙机构动力学模型，并进行动态行为仿真，分析含间隙机构的动力学性能，提取含间隙机构接触碰撞载荷谱。

4.4.3   磨损分析

集成过程的第二步是进行磨损分析。通过第一步的动力学特性分析获得运动副接触载荷，确定每一个步长的磨损量，对运动副间隙进行修正。

含间隙机构动力学与磨损特性分析集成流程如图 4-17 所示。

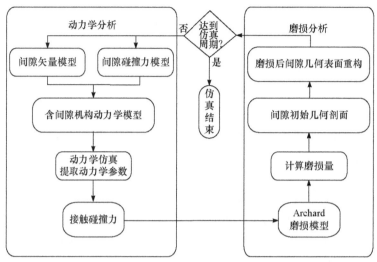

图 4-17　含间隙机构动力学与磨损特性分析集成流程

4.4.4　非线性动态变刚度系数

在以往的研究中，接触刚度系数都是根据简单计算甚至经验取一个常值，即不管接触表面曲率是否有变化，刚度系数都是一致的。这与实际情况是不相符的。因此，在理论建模与仿真分析中，必须考虑磨损后间隙及轴表面的非规则变化。

由于运动副间隙的存在，运动副产生间隙磨损，并且运动副间隙的磨损是非规则的，因此在机构运行过程中，运动副间隙和轴的曲率是动态变化的，在建立运动副间隙碰撞力模型时，必须考虑运动副间隙的非规则变化特性。因此，本章在非线性刚度系数的基础上，进一步提出非线性动态变刚度系数，描述运动副间隙非规则磨损后，间隙的动态变化特征，以及磨损后轴的曲率的变化。因此，非线性动态变刚度系数与非规则磨损间隙、轴的曲率变化有关。

如式(4-8)所示，非线性刚度系数与压缩量、间隙大小、材料属性等有关，即

$$K_n = \frac{1}{8}\pi E^* \sqrt{\frac{2\delta\left[3(R_B - R_J) + 2\delta\right]^2}{(R_B - R_J + \delta)^3}} \tag{4-8}$$

由于磨损后 R_B 与 R_J 动态变化，并不是一个常值，因此式(4-8)需要修正。在此基础上，结合运动副间隙非规则磨损特性，进一步对非线性刚度系数进行改进，使其更加符合磨损后的实际情况，建立间隙接触碰撞力的非线性动态变刚度系数。由上述分析可知，非线性动态变刚度系数与运动副磨损间隙有关。由于磨损间隙动态变化，因此将非线性刚度系数中的间隙大小 $(R_B - R_J) = \text{constant}$ 修正为动态非规则间隙，引入式(2-2)，可以得到非线性动态变刚度系数的表达式，即

$$K_n = \frac{1}{8}\pi E^* \sqrt{\frac{2\delta[3(R_B(\theta) - R_J(\theta)) + 2\delta]^2}{(R_B(\theta) - R_J(\theta) + \delta)^3}} \qquad (4\text{-}9)$$

由此可知，非线性动态变刚度系数是非线性刚度系数的普遍表达式，而非线性刚度系数是非线性动态变刚度系数的特殊情况。

进一步，在接触碰撞力的混合模型中引入非线性动态变刚度系数，可以对考虑非规则磨损间隙的机构动力学特性进行研究。

4.4.5　磨损周期

由于机构运行一周，运动副间隙的磨损量很小，因此间隙变化量甚小，引入磨损周期(或磨损步长)T，即机构运行T圈。其基本思想是以磨损周期为单位对运动副间隙进行重构，即机构每运行一个磨损周期，对运动副表面轮廓进行重构，然后进行动力学仿真分析。

对机构整个运行过程中的磨损进行时间上的离散，由于机构运行一周，运动副间隙的磨损量极小，因此可以假设在一定的机构运行圈数内，机构运动副间隙表面形貌不随时间变化。当前的间隙表面形貌下机构的磨损深度称为一个磨损周期内的磨损深度。

在每一个磨损周期内，机构的动力学特性可以通过含间隙机构动力学方程求解得到，进一步通过磨损计算可以求得机构在此磨损周期内的磨损量，并以此磨损量对运动副的结构尺寸(间隙量、轴和轴承的曲率半径)进行更新，进一步代入动力学方程进行求解。

4.4.6　含磨损间隙机构动力学特性分析

本节对含磨损间隙的机构进行动力学特性研究，以曲柄工作 5000 圈为磨损周期进行动力学与磨损集成分析，研究含磨损间隙机构的动力学特性。其中，轴的半径为 9.5mm，轴承的半径为 10mm，间隙大小为 0.5mm。

1. 第一个磨损周期分析

(1) 动力学特性分析

在第一个磨损周期，曲柄工作 5000 圈。由于机构工作在第一个周期，运动副间隙为规则间隙，机构的动力学特性在上一章已经详细分析，这里不再赘述。

(2) 磨损特性分析

曲柄工作一个周期，即曲柄工作 5000 圈后，磨损深度随曲柄转角的变化规律如图 4-18 所示。磨损后的动态间隙如图 4-19 所示。磨损后轴表面的形貌重构如图 4-20 和图 4-21 所示。

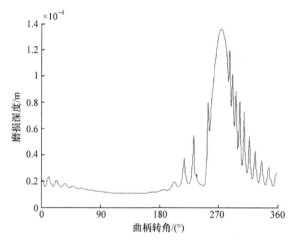

图 4-18　磨损深度随曲柄转角的变化规律

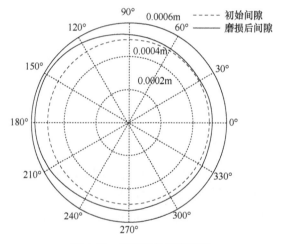

图 4-19　磨损后的动态间隙

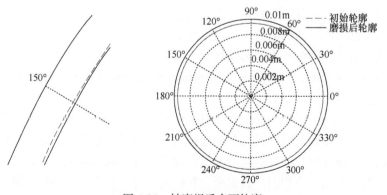

图 4-20　轴磨损后表面轮廓

由图 4-18～图 4-21 可知，机构运行一个周期后，磨损导致间隙增大，并且磨损间隙是非规则变化，最大间隙为 0.579mm，增大 15.8%。轴表面轮廓重构后，磨损后轴半径减小，并且在某些区域，轴磨损较为严重，这与实际观察到的现象是一致的。

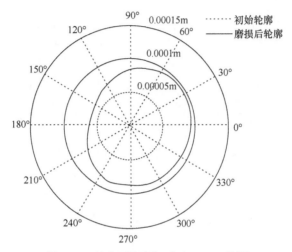

图 4-21　轴表面轮廓相对于 100μm 的圆

2. 第二个磨损周期分析

(1) 动力学特性分析

在第二个磨损周期，即 5000～10000 圈时机构的动力学特性分析，对轴表面轮廓进行重构，间隙为动态非规则磨损间隙，引入非线性动态变刚度系数，进行第二个周期含磨损间隙机构动态特性仿真，分析非规则间隙对机构动态特性的影响。

如图 4-22 所示，无论运动副存在规则的装配间隙，还是非规则的磨损间隙，机构的角位移曲线都基本重合，表明规则装配间隙与非规则磨损间隙，对机构角位移的影响都很小。从局部放大图可以看出，非规则的磨损间隙对机构角位移的影响比规则的装配间隙产生的影响略大，磨损后的机构角位移有所滞后，但是影响并不明显。这说明，间隙的大小及间隙类型(规则间隙或者非规则间隙)对机构角位移的影响不大。

如图 4-23 所示，运动副存在非规则磨损间隙时，对机构角速度有一定的影响，当机构转角接近零的时候，机构角速度抖动较为明显。虽然磨损前后机构角速度均呈现高频抖动现象，但是抖动的幅值，以及出现抖动的时刻并不相同，因此对机构角速度的影响也不相同。这说明，在机构运行过程中，始终将间隙大小认为固定不变来分析机构整个运行过程的动态特性是不符合实际的。

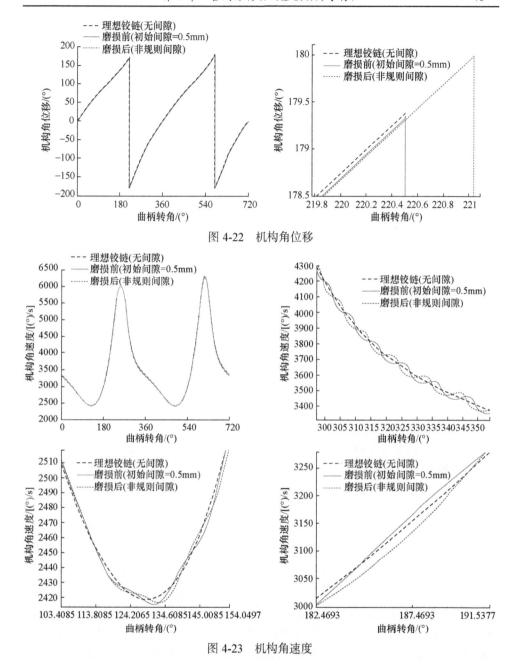

图 4-22　机构角位移

图 4-23　机构角速度

　　如图 4-24 所示，磨损间隙与规则间隙都使机构角加速度高频抖动，但是磨损非规则间隙使机构的角加速度值变大，并且磨损后机构加速度的抖动位置滞后含规则间隙的情况。当曲柄转至 270°~360°时，磨损后的非规则间隙导致机构的角加速度抖动更加剧烈。因为运动副轴与轴承表面非均匀磨损，所以间隙铰接触表面曲率在机构运行过程中时刻动态变化。当运动副磨损严重时，曲率变化较大，引起间隙接触碰撞变化剧烈，进一步导致机构加速度的剧烈抖动。这说明，在机构运行过程中，必须考虑运动副间隙非规则磨损导致的机构动态特性的变化，而不能将间隙大小始终认为固定不变来分析机构整个运行过程的动态特性。

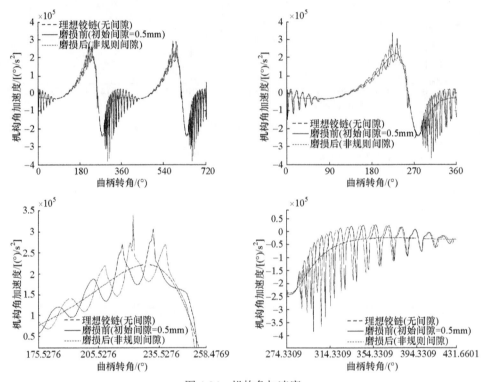

图 4-24　机构角加速度

　　如图 4-25 和图 4-26 所示，两者表现出与机构角加速度相似的特征，说明磨损间隙对机构加速度、驱动力矩和间隙碰撞力的影响规律类似。由图 4-27 可知，磨损后轴中心的运行轨迹明显不同于磨损前轴中心的运行轨迹。

　　综上所述，磨损后的非规则间隙导致机构的角加速度抖动更加剧烈，并且磨损使运动副间隙变大，进一步导致间隙铰接触碰撞更剧烈，加剧运动副磨损，因此这是个相互影响、相互促进的过程，必将引起机构性能的衰退、振动加剧、运动不稳及精度降低，进一步严重影响机构的使用寿命。因此，在机构运行过程中，必须考虑运动副间隙的非规则磨损导致的机构动态特性的变化，不能将间隙大小始终认为固定不变来分析机构整个运行过程的动态特性。

　　(2) 磨损特性分析

　　在对含非规则磨损间隙的机构动力学特性分析的基础上，对曲柄工作两个磨损周期后的磨损特性进行分析。如图 4-28 所示，此时的磨损量是前两个周期的总磨损量。磨损后的动态间隙如图 4-29 所示。磨损后的轴表面形貌重构如图 4-30 和图 4-31 所示。

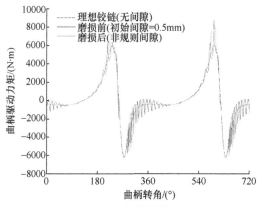

图 4-25　维持曲柄转速的驱动力矩

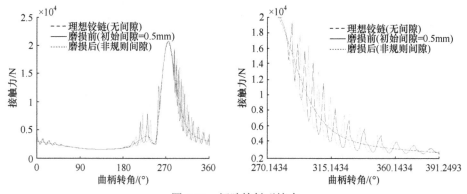

图 4-26　间隙接触碰撞力

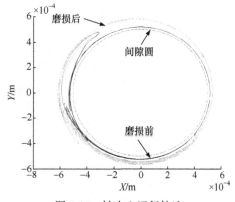

图 4-27　轴中心运行轨迹

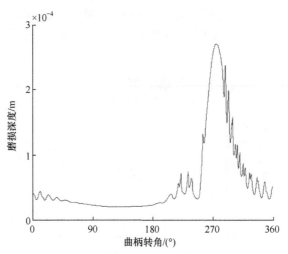

图 4-28　前两个周期的总磨损深度

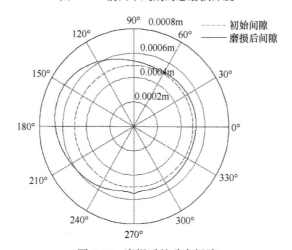

图 4-29　磨损后的动态间隙

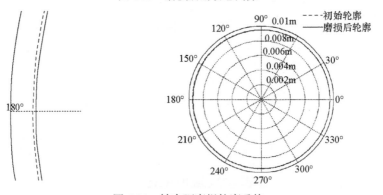

图 4-30　轴表面磨损轮廓重构

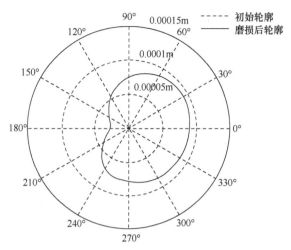

图 4-31　轴表面轮廓相对于 100μm 的圆

由图 4-28～图 4-31 可知，随着机构运行时间的增加，磨损导致间隙进一步增大，并且磨损间隙是非规则变化，最大间隙为 0.6806mm，比初始间隙增大 36.12%。轴表面轮廓重构后发现，磨损后轴半径进一步减小，同样在某些区域磨损较为严重，并且磨损严重的位置大致相同。

3. 第三个磨损周期分析

(1) 动力学特性分析

机构运行第三个磨损周期，即 10000～15000 圈时机构的动力学特性分析，对间隙轮廓进行重构。此时，间隙为非规则磨损间隙，引入非线性动态变刚度系数，进行第三个周期含磨损间隙机构动态特性仿真，分析非规则间隙对机构动态特性的影响。

如图 4-32 所示，运动副非规则的磨损间隙，以及规则的装配间隙对机构角位移的影响都很小。机构在三个磨损周期内的角位移基本重合。从局部放大图可以

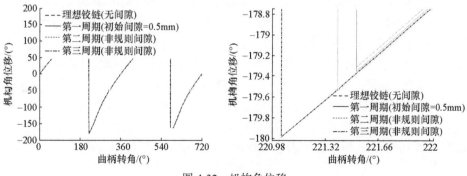

图 4-32　机构角位移

看出，角位移曲线只是有一个很小的偏差。随着磨损时间的增加，磨损后机构的角位移越来越滞后，对机构运动精度的影响越大，因此降低了机构的运动精度。

　　如图 4-33 所示，随着机构工作时间的增长，非规则磨损间隙对机构角速度的影响进一步增强。当机构转角接近零的时候，机构角速度抖动较为明显，虽然机构运行的各个周期角速度均呈现高频抖动现象，但是抖动的幅值，以及出现抖动的时刻并不相同。可见，机构在不同的工作周期内，磨损导致的间隙增大与非规则变化对机构运行的稳定性影响越来越大。

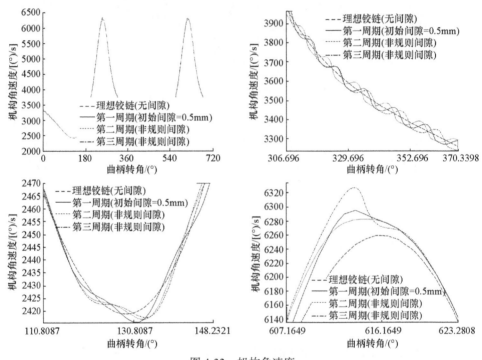

图 4-33　机构角速度

　　如图 4-34 所示，随着机构工作时间的延续，磨损导致的间隙增大与非规则变化使机构在不同的工作周期动态特性差别很大。虽然非规则磨损间隙与规则间隙都使机构角加速度高频抖动，但是出现抖动的位置与抖动幅值也不同，并且变化没有规律可循。当曲柄转至 270°～360°时，磨损后的非规则间隙导致机构的角加速度抖动更加剧烈。其原因在于，运动副轴与轴承表面非均匀磨损，因此间隙铰接触表面曲率在机构运行过程中时刻动态变化，当运动副磨损严重时，曲率变化较大，从而引起间隙接触碰撞变化剧烈，进一步导致机构的加速度抖动得越剧烈。如图 4-35 和图 4-36 所示，两者也表现出与机构角加速度类似的特征。

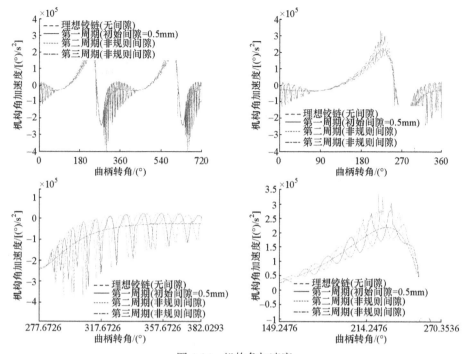

图 4-34　机构角加速度

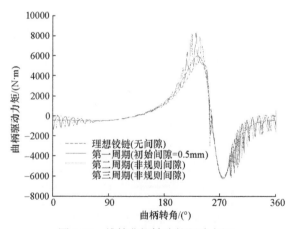

图 4-35　维持曲柄转速的驱动力矩

　　由图 4-37 可知，机构在不同的工作周期，轴中心的运行轨迹明显不同，并且机构工作周期越长，轴相对于轴承中心的运行轨迹的范围越大。

　　上述分析表明，机构在不同工作周期的动态特性是不同的，工作周期越长，非规则磨损间隙对机构动态特性的影响也越大，机构的运动稳定性与可靠性就越差，进而降低机构的工作性能。由此可见，虽然间隙磨损量很小，但是对机构动

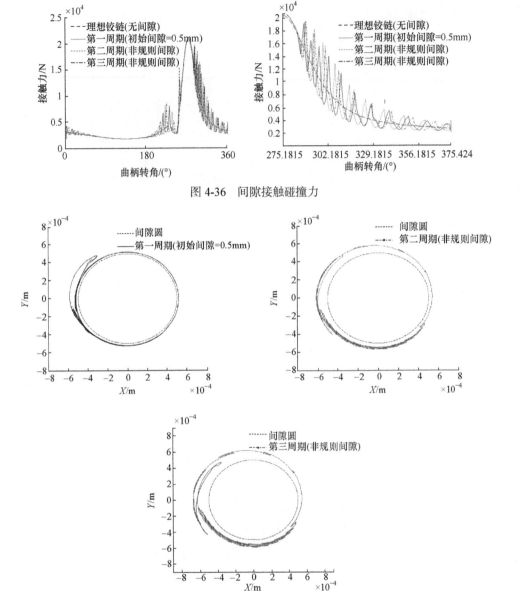

图 4-36　间隙接触碰撞力

图 4-37　轴中心运动轨迹

态特性的影响却不容忽视,说明很小的磨损量都会导致机构动态特性很大的改变。运动副磨损后间隙变大导致间隙接触碰撞更剧烈,进而加剧运动副磨损,这是个相互影响、相互促进的过程。因此,随着机构工作周期的延长,间隙磨损必将引起机构性能的衰退、振动加剧、运动不稳及精度降低,进一步影响机构的使用寿命。

(2) 磨损特性分析

在对含非规则磨损间隙的机构动力学特性分析的基础上，对曲柄工作三个磨损周期后的磨损特性进行分析。如图 4-38 所示，此时的磨损量是前三个周期总的磨损量。磨损后的动态间隙如图 4-39 所示。磨损后的轴表面形貌重构如图 4-40 和图 4-41 所示。

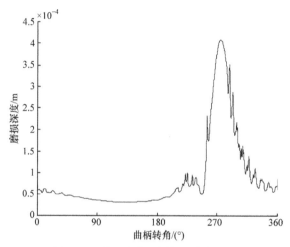

图 4-38　前三个磨损周期的磨损深度

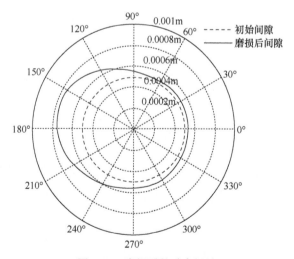

图 4-39　磨损后的动态间隙

由图 4-38～图 4-41 可知，随着机构运行时间的增加，磨损导致间隙进一步增大，并且磨损间隙是非规则变化的，最大间隙为 0.7659mm，比初始间隙增大53.18%。轴表面轮廓重构后发现，磨损后轴半径进一步减小，同样在某些区域磨损较为严重，并且磨损严重的位置大致相同。

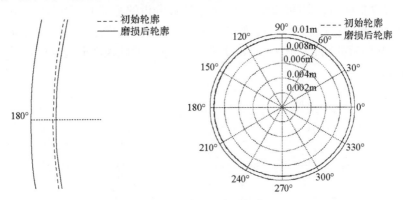

图 4-40　轴表面磨损轮廓

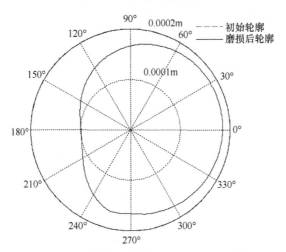

图 4-41　轴表面轮廓相对于 200μm 的圆

第 5 章　含间隙齿轮转子系统动力学

在航天机构中，齿轮传动机构的应用非常广泛。齿轮传动机构存在转动副间隙和齿侧间隙的多间隙问题，尤其是径向间隙与动态齿侧间隙之间的耦合效应会影响航天机构在微重力条件下的动力学特性。只有更准确地反映多间隙齿轮机构的动力学特性，才能更好地为航天机构的优化设计、可靠性分析提供理论指导。本章进一步考虑齿侧间隙，将齿轮机构中的转动副径向间隙与齿侧间隙有机融合，研究多间隙的机构动力学特性。

在航天器的多间隙齿轮转子系统动力学建模的研究中，相比于地面齿轮机构的研究主要有两点差别。一是，地面齿轮机构轴承通常采用油润滑，因此一般利用等效弹簧阻尼模型描述齿轮的径向运动，认为径向间隙处的构件之间一直处于油膜力的连续作用下。但对于航天器齿轮机构而言，一般采用固体润滑，在间隙处构件之间镀固体润滑膜，这就使径向间隙处存在接触和分离两种状态，需要用二状态模型对间隙处的接触碰撞现象进行描述。二是，地面齿轮机构忽略齿轮的径向跳动对轮齿啮合点位置，以及齿侧间隙的影响。当轴承径向间隙引起齿轮径向跳动时，轮齿之间的实际中心距发生变化，啮合点和齿侧间隙大小都随之改变。对航天器齿轮机构而言，这种多间隙之间的耦合作用会使系统的动力学响应更为复杂，因此需要深入研究。

针对以上问题，本章提出一种新的考虑多间隙耦合的齿轮转子系统动力学模型，利用二状态模型建立轴承径向间隙模型，并提出齿轮动态齿侧间隙和动态啮合力的建模方法，同时考虑时变啮合刚度的影响。在此基础上，建立考虑轴承径向间隙、动态齿侧间隙及其耦合关系的齿轮转子系统动力学模型，并进行数值仿真和分析。

5.1　多间隙耦合模型

齿轮机构中多间隙耦合主要指轴承径向间隙与齿侧间隙之间的耦合关系，径向间隙处的径向跳动会导致齿侧间隙的变化，而齿侧间隙处的振动也会影响径向间隙。以往的多间隙模型在径向间隙处采用连续接触模型，同时忽略径向间隙与齿侧间隙的耦合关系，针对以上问题，本节采用二状态模型描述径向间隙，并根据径向跳动与齿侧间隙的几何关系，提出动态齿侧间隙模型。

在齿轮转子系统中，轴承径向间隙 c_r 主要用于描述齿轮轴系在径向的运动间隙。模型如图 5-1 所示。一般将其结构简化为齿轮轴与轴套两部分。径向间隙 c_r 的大小可以用轴套与轴的半径之差来描述，即

$$c_r = R_b - R_r \qquad (5\text{-}1)$$

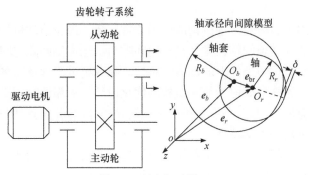

图 5-1　径向间隙模型

在惯性坐标系下，可用间隙矢量 e_{br} 描述齿轮的轴与轴套之间的相对运动，即

$$e_{br} = e_r - e_b \qquad (5\text{-}2)$$

其中，e_b 和 e_r 为轴套与轴的中心点的位移矢量。

轴与轴套之间的偏心距可表示为

$$|e_{br}| = \sqrt{e_{brx}{}^2 + e_{bry}{}^2} \qquad (5\text{-}3)$$

在碰撞过程中，轴与轴套碰撞点在间隙矢量方向，因此可以用间隙矢量的单位矢量表示碰撞点的位置，即

$$n = \frac{e_{br}}{|e_{br}|} \qquad (5\text{-}4)$$

由于航天器齿轮机构一般采用固体润滑，在运动过程中轴与轴套之间存在两种运动状态，即接触碰撞和自由运动。引入径向嵌入量 δ，即

$$\delta = |e_{br}| - c_r \qquad (5\text{-}5)$$

为了判断齿轮的轴与轴套当前处于何种状态，建立径向间隙函数 $f_r(e_{br})$，即

$$f_r(e_{br}) = \begin{cases} |e_{br}| - c_r, & |e_{br}| > c_r \\ 0, & |e_{br}| = c_r \\ 0, & |e_{br}| < c_r \end{cases} \qquad (5\text{-}6)$$

其中，当 $|e_{br}| < c_r$ 时，轴与轴套之间处于自由运动状态；当 $|e_{br}| = c_r$ 时，轴与轴套处于临界接触状态，接触力为零；$|e_{br}| > c_r$ 时，处于接触状态，产生接触碰撞力。

当 $f_r(e_{br}) > 0$ 时，轴与轴套处于接触碰撞状态，二者之间的相对碰撞速度可用嵌入量 δ 和间隙矢量的单位矢量 $\boldsymbol{n}$ 表示，则沿碰撞方向上的相对速度为

$$v_n = (\dot{\delta})^{\mathrm{T}} \boldsymbol{n} \tag{5-7}$$

由于轴承径向间隙的存在，齿轮在传动过程中轴与轴套之间出现径向跳动，使主动齿轮、从动齿轮的实际中心距发生改变，进而导致齿侧间隙发生动态变化。对于传统模型忽略齿侧间隙的动态变化，我们提出动态齿侧间隙的概念，根据齿轮啮合关系，推导出实际中心距与齿侧间隙的几何关系。

如图 5-2 所示，当 P 点啮合时，主动齿轮上的点 N 和从动齿轮上的点 M 重合。由于轴承处径向跳动的影响，实际中心距 A' 不等于理想中心距 A_0，又由于初始齿侧间隙 b_0 的存在，因此在 P 点啮合时，N、M 两点不重合，而 N、M 点间的距离即动态齿侧间隙 b_t。根据齿轮啮合的几何关系可知，P、N、M 三点都在主动齿轮、从动齿轮基圆的内公切线上，则 b_t 可表示为

$$b_t = (PN - PM) + b_0 \tag{5-8}$$

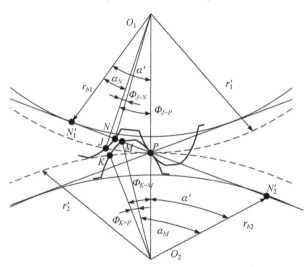

图 5-2 动态齿侧间隙模型

由图 5-2 中的几何关系可知，主动齿轮上 P、N 点的距离可表示为

$$PN = N_1'P - N_1'N = r_{b1}\tan\alpha' - r_{b1}\tan\alpha_N \tag{5-9}$$

其中，N_1' 为 PN 延长线与主动齿轮分度圆的交点；r_{b1} 为主动轮分度圆半径；α_N 为主动齿轮节圆半径上的 J 点与 N_1' 的夹角；α' 为齿轮的实际啮合角。

根据角度关系可知

$$\alpha_N = \alpha' - (\Phi_{J-P} - \Phi_{J-N}) = \alpha' - \frac{w_1'}{r_1'} + (\text{inv}(\alpha') - \text{inv}(\alpha_N)) \tag{5-10}$$

其中，Φ_{J-P} 和 Φ_{J-N} 为点 J 与 P、N 的夹角；w_1' 为主动轮节圆齿隙；r_1' 为主动轮节圆半径。

展开式(5-10)可得

$$\alpha_N = \alpha' - \frac{w_1'}{r_1'} + \tan\alpha' - \alpha' - \tan\alpha_N + \alpha_N \tag{5-11}$$

整理式(5-11)可得

$$\tan\alpha' - \tan\alpha_N = \frac{w_1'}{r_1'} \tag{5-12}$$

将式(5-15)代入式(5-9)，可得

$$PN = r_{b1}(\tan\alpha' - \tan\alpha_N) = r_{b1}\frac{w_1'}{r_1'} = w_1'\cos\alpha' \tag{5-13}$$

同理，在从动齿轮中，P、M 点的距离可表示为

$$PM = N_2'M - N_2'P = r_{b2}\tan\alpha_M - r_{b2}\tan\alpha' \tag{5-14}$$

其中，N_2' 为 PN 延长线与从动齿轮分度圆的交点；r_{b2} 为从动轮分度圆半径；α_M 为点 M 与点 N_2' 的夹角。

根据角度关系可得

$$\alpha_M = \alpha' + (\Phi_{K-P} - \Phi_{K-M}) = \alpha' + \frac{s_2'}{r_2'} - (\text{inv}(\alpha_M) - \text{inv}(\alpha')) \tag{5-15}$$

其中，Φ_{K-P} 和 Φ_{K-M} 为从动轮节圆上的点 K 与点 P、M 的夹角；s_2' 为从动轮节圆齿厚；r_2' 为从动轮节圆半径。

展开式(5-15)可得

$$\alpha_M = \alpha' + \frac{s_2'}{r_2'} - \tan\alpha_M + \alpha_M + \tan\alpha' - \alpha' \tag{5-16}$$

整理式(5-16)可得

$$\tan\alpha_M - \tan\alpha' = \frac{s_2'}{r_2'} \tag{5-17}$$

将式(5-17)代入式(5-14)可得

$$\overline{PM} = r_{b2}(\tan\alpha_M - \tan\alpha') = r_{b2}\frac{s_2'}{r_2'} = s_2'\cos(\alpha') \tag{5-18}$$

将式(5-13)和式(5-18)代入式(5-8)，可得齿侧间隙，即

$$b_t = (w_1' - s_2')\cos\alpha' + b_0 \tag{5-19}$$

由渐开线齿形的运算关系可得

$$w_1' = t' - s_1' = t\frac{\cos\alpha_0}{\cos\alpha'} - s_1' \tag{5-20}$$

$$s_1' = s_1\frac{r_1'}{r_1} - 2r_1'(\text{inv}(\alpha') - \text{inv}(\alpha_0)) = \frac{t}{2}\frac{\cos\alpha_0}{\cos\alpha'} - 2r_1'(\text{inv}(\alpha') - \text{inv}(\alpha_0)) \tag{5-21}$$

$$s_2' = s_2\frac{r_2'}{r_2} - 2r_2'(\text{inv}(\alpha') - \text{inv}(\alpha_0)) = \frac{t}{2}\frac{\cos\alpha_0}{\cos\alpha'} - 2r_2'(\text{inv}(\alpha') - \text{inv}(\alpha_0)) \tag{5-22}$$

其中，t 和 α_0 为标准齿轮的周节和压力角；t' 为实际啮合时的周节。

整理式(5-19)~式(5-22)可得

$$b_t = \left[\left(t - \frac{t}{2} - \frac{t}{2}\right)\frac{\cos\alpha_0}{\cos\alpha'} + 2r_1'(\text{inv}(\alpha') - \text{inv}(\alpha_0)) + 2r_2'(\text{inv}(\alpha') - \text{inv}(\alpha_0))\right]\cos\alpha' + b_0 \tag{5-23}$$

化简式(5-23)可得

$$b_t = 2A'\cos\alpha'(\text{inv}(\alpha') - \text{inv}(\alpha_0)) + b_0 \tag{5-24}$$

又因为实际中心距 A' 和理想中心距 A_0 的几何关系，即

$$A'\cos\alpha' = A_0\cos\alpha_0 \tag{5-25}$$

所以，实际中心距 α' 可表示为

$$\alpha' = \arccos\left(\frac{A_0}{A'}\cos\alpha_0\right) \tag{5-26}$$

因此，动态齿侧间隙最终可表示为

$$b_t = 2A_0\cos(\alpha_0)\left(\text{inv}\left(\arccos\left(\frac{A_0}{A'}\cos\alpha_0\right)\right) - \text{inv}(\alpha_0)\right) + b_0 \tag{5-27}$$

由式(5-27)可知，动态齿侧间隙最终可以表示为实际中心距 A' 的函数，而实际中心距可根据主动齿轮、从动齿轮的中心距矢量计算得到。

在齿轮转子系统中，由于轴承径向间隙的存在，在传动过程中会产生一定的径向位移，进而影响主动齿轮、从动齿轮沿啮合线方向的相对位移关系。动态齿侧间隙模型如图 5-3 所示。

在全局坐标系下，x_p 和 x_g 为主动轮和从动轮沿 x 方向上的位移，y_p 和 y_g 为主动轮和从动轮沿 y 方向上的位移，θ_p 和 θ_g 为主动轮和从动轮绕 z 轴方向上的转角，r_1' 和 r_2' 为主动轮和从动轮的实际节圆半径，α' 为实际压力角。将主动齿轮、从动齿轮在扭转方向上的角位移转换到啮合线方向上，即 $r_1\theta_1 - r_2\theta_2$；将主动齿轮、

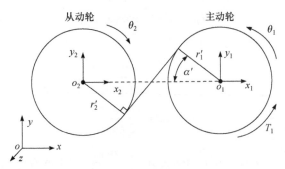

图 5-3 动态齿侧间隙模型

从动齿轮在 x 方向上的相对位移转换到啮合线方向上，即 $(x_1 - x_2)\sin\alpha'$；将主动齿轮、从动齿轮在 y 方向上的相对位移转换到啮合线方向上，即 $(y_1 - y_2)\cos\alpha'$。由此可知，主动齿轮、从动齿轮在啮合线方向上的相对位移 g_t 可表示为

$$g_t = r_1\theta_1 - r_2\theta_2 + (x_1 - x_2)\sin\alpha' + (y_1 - y_2)\cos\alpha' \tag{5-28}$$

在齿轮转子系统中，为了保证轮齿之间良好的润滑，同时避免轮齿变形和摩擦生热引起的卡齿现象，在设计时都会留有一定的齿侧间隙。同时，由于加工、装配误差，以及齿面磨损，也会使轮齿之间存在齿侧间隙。因此，齿侧间隙在轮齿之间是不可避免，也是必须存在的。由于齿侧间隙的存在，齿轮在传动过程中可能发生脱齿现象，主动齿轮、从动齿轮的轮齿之间产生脱离，但是随后两个齿轮再次接触，产生齿面冲击。主动轮、从动轮齿之间的接触、分离状态可以用齿侧间隙函数 $f_g(g_t)$ 来表示，即

$$f_g(g_t) = \begin{cases} g_t, & g_t \geqslant 0 \\ 0, & -b_t < g_t < 0 \\ g_t + b_t, & g_t \leqslant -b_t \end{cases} \tag{5-29}$$

当主动齿轮、从动齿轮在啮合线方向上的相对位移 $g_t \geqslant 0$ 时，两齿轮间处于齿面接触状态，为正常啮合；当相对啮合位移在 $-b_t < g_t < 0$ 范围内时，出现脱齿现象，两齿轮间没有接触；当相对啮合位移 $g_t \leqslant -b_t$ 时，发生齿背接触，即主动齿轮的非驱动面与从动齿轮轮齿发生接触。

5.2 轴承径向接触力模型

由于轴承径向间隙的存在，齿轮转子系统的轴与轴套在运动过程中会产生接触碰撞力，根据 Hertz 接触理论，轴承径向接触力的基本形式可表示为嵌入量 δ 的函数，即

$$F_r = K_r \delta^n + D_r \dot{\delta} \tag{5-30}$$

其中，K_r 为轴与轴套之间的非线性接触刚度，用于描述接触表面在接触碰撞过程中抵抗变形的能力；n 为力指数，与碰撞材料的特性有关，通常情况下，金属与金属之间的碰撞取 1.5；D_r 为非线性阻尼系数，描述接触碰撞过程中的能量损失。

因此，轴承径向接触力模型的主要参数是接触刚度 K_r 和阻尼系数 D_r。在传统的 Hertz 接触力模型中，一般接触刚度和阻尼系数都为常数或者线性函数，并不能很好地反映接触碰撞力的变化情况，基于 3.2 节提出的非线性刚度系数和非线性阻尼系数的计算方法，建立齿轮轴承径向接触碰撞力混合力模型。

非线性接触刚度系数的表达式为

$$K_r = \frac{1}{8} \pi E^* \sqrt{\frac{2\delta(3c_r + 2\delta)^2}{(c_r + \delta)^3}} \tag{5-31}$$

其中

$$\frac{1}{E^*} = \frac{1 - \upsilon_1^2}{E_1} + \frac{1 - \upsilon_2^2}{E_2} \tag{5-32}$$

其中，υ_1 和 υ_2 为轴与轴套的泊松比；E_1 和 E_2 为轴与轴套的弹性模量。

由式(5-31)可知，非线性接触刚度在间隙大小一定的情况下会随着嵌入量的变化而变化，说明在轴与轴套接触碰撞过程中，接触刚度随着嵌入深度发生变化。同时，在嵌入量一定的情况下，非线性接触刚度受到间隙大小的影响。这说明，接触刚度与碰撞体的结构有关，即使材料相同，结构尺寸不同或间隙大小不同，接触刚度也会有所差异。

非线性阻尼系数的表达式为

$$D_r(\delta) = \frac{3\delta^n (1 - e^2) \exp(2(1 - e))}{4v_0} K_r \tag{5-33}$$

其中，K_r 为非线性接触刚度系数；e 为恢复系数；v_0 为临界接触状态($\delta = 0$)时轴与轴套的相对速度。

由于在轴承径向间隙处构件之间会出现自由运动和接触两种状态，因此需要利用间隙函数判断轴与轴套之间当前所处的运动状态，结合式(5-30)、式(5-31)和式(5-33)可得到轴承径向接触力模型，即

$$F_r = K_r f_r(e_{\text{br}})^n + D_r(f_r(e_{\text{br}}))\dot{\delta} \tag{5-34}$$

根据以上研究，多间隙齿轮转子系统的轴承径向接触力模型利用径向间隙函数判断轴与轴套当前所处于的运动状态，引入非线性接触刚度，描述接触表面抵抗变形的能力，同时引入非线性阻尼系数，描述接触碰撞过程中的能量损失。

5.3　齿轮动态啮合力模型

在齿轮转子系统中，由于存在径向间隙，传动过程中会产生一定的径向位移，而径向位移的变化会使主动齿轮和从动齿轮之间的啮合位置发生变化，并影响相对啮合位移，最终导致齿轮动态啮合力的变化。齿轮在啮合传动过程中，动态啮合力 F_t 可表示为相对啮合位移 g_t 的函数，包括啮合弹性力和啮合阻尼力两部分，即

$$F_t = K_t g_t + D_t \dot{g}_t \tag{5-35}$$

其中，K_t 为主动轮、从动轮齿之间的时变啮合刚度；D_t 为啮合阻尼系数，用于描述啮合过程中的能量损失；$\dot{g}_t$ 为沿啮合线方向的相对速度。

在主动齿轮、从动齿轮之间动态啮合力的计算中，时变啮合刚度 K_t 和啮合阻尼 D_t 是最重要的模型参数。其中，时变啮合刚度 K_t 由齿轮传动过程中的特点导致。在轮齿啮合过程中，参与啮合的齿轮齿数是时刻变化的，当参与啮合的齿轮齿数较多时，啮合刚度较大；当参与啮合的轮齿数较少时，啮合刚度较小。因此，在传动过程中，齿轮的时变啮合刚度 K_t 随着参与啮合轮齿数量的变化而变化的，具有一定的周期性。其表达式为

$$K_t = k_m + k_a \cos(\omega_m t + \varphi) \tag{5-36}$$

其中，k_m 为齿轮副的平均啮合刚度；k_a 为啮合刚度幅值；ω_m 为齿轮的啮合频率，$\omega_m = \omega \cdot Z$，$\omega$ 为齿轮的转速，Z 为齿数；φ 为变刚度初相位，一般取 0。

啮合刚度幅值 k_a 描述啮合刚度在齿轮传动过程中周期性变化的幅值，可以根据齿轮副的平均啮合刚度 k_m 和齿轮啮合的重合度系数 ε 进行计算，即 $k_a = k_m(\varepsilon - 1)$。根据《机械工程手册》，单对齿轮的平均啮合刚度计算公式为

$$k_m = \frac{1}{q'} \tag{5-37}$$

其中，q' 为单位齿宽的柔度，其表达式为

$$q' = 0.04723 + \frac{0.15551}{Z_1} + \frac{0.25791}{Z_2} - 0.00635 x_1 - 0.11654 \frac{x_1}{Z_1} + 0.00193 x_2$$
$$+ 0.24188 \frac{x_2}{Z_2} + 0.00529 x_1^2 + 0.000182 x_2^2 \tag{5-38}$$

其中，x_1 为主动齿轮的法向变位系数；x_2 为从动齿轮的法向变位系数；Z_1 和 Z_2 为主动轮、从动轮的齿数。

啮合阻尼 D_t 主要用于描述轮齿啮合过程中的能量损失，即

$$D_t = 2\xi \sqrt{m k_m} \tag{5-39}$$

其中，ξ 为阻尼比，取值范围为 0.03～0.17，根据经验可取 $\xi \approx 0.06$；$\bar{m}$ 为当量质量，根据齿轮的结构参数计算，即

$$\bar{m} = \frac{I_1 I_2}{r_2^2 I_1 + r_1^2 I_2} \tag{5-40}$$

其中，I_1 和 I_2 为主动齿轮和从动齿轮的转动惯量。

根据式(5-39)，啮合阻尼为常数，但在实际啮合过程中，随着齿数的变化，阻尼也应随之改变。因此，将式(5-37)中的平均啮合刚度转换成时变啮合刚度描述传动过程中阻尼系数的周期性变化特性。同时，为了避免出现阻尼力在轮齿处于分离状态时不为零的现象，引入齿侧间隙函数判断非线性阻尼系数的变化状态，即

$$D_t(f_g(g_t)) = \begin{cases} 2\xi\sqrt{\bar{m}K_t}, & f_g(g_t) \neq 0 \\ 0, & f_g(g_t) = 0 \end{cases} \tag{5-41}$$

对于含齿侧间隙的齿轮啮合力的计算，利用间隙函数判断主动轮、从动轮齿之间当前所处的状态，并决定动态啮合力的大小，结合式(5-35)、式(5-36)和式(5-41)可得齿轮动态啮合力的表达式，即

$$F_t = K_t f_g(g_t) + D_t(f_g(g_t))\dot{g}_t \tag{5-42}$$

根据以上研究，建立齿轮的动态啮合力模型，在模型中利用齿侧间隙函数判断轮齿之间的啮合状态。引入时变啮合刚度可以描述齿轮传动过程中啮合刚度的周期性变化规律，引入非线性阻尼系数可以描述啮合过程中的能量损失。

5.4　齿轮转子系统动力学方程

多间隙齿轮机构存在轴承径向间隙和齿侧间隙，在现有的多间隙齿轮转子系统动力学研究中，Kahraman 等[146-148]提出的多间隙模型是应用最为广泛的。模型考虑轴承径向间隙和齿侧间隙。在径向间隙的描述中，采用二自由度的等效弹簧阻尼器计算轴承径向接触力的大小，在轮齿啮合处，主要考虑时变啮合刚度、阻尼系数和齿侧间隙等因素。其动力学方程可表示为

$$\begin{cases} I_p \ddot{\theta}_{\mathrm{rp}} + F_t(t) R_p = T_p \\ m_p \ddot{\delta}_{\mathrm{px}} - F_{\mathrm{rpx}}(t) + F_{\mathrm{tpx}}(t) = 0 \\ m_p \ddot{\delta}_{\mathrm{py}} - F_{\mathrm{rpy}}(t) + F_{\mathrm{tpy}}(t) - m_p g = 0 \\ I_g \ddot{\theta}_{\mathrm{rg}} - F_t(t) R_g = T_g \\ m_g \ddot{\delta}_{\mathrm{gx}} - F_{\mathrm{rgx}}(t) - F_{\mathrm{tgx}}(t) = 0 \\ m_g \ddot{\delta}_{\mathrm{gy}} - F_{\mathrm{rgy}}(t) - F_{\mathrm{tgy}}(t) = m_g g \end{cases} \tag{5-43}$$

其中，I_p 和 I_g 为主动轮和从动轮的转动惯量；T_p 为主动齿轮的驱动转矩；R_p 和 R_g 为主动轮和从动轮的半径；$\ddot{\theta}_{rp}$ 和 $\ddot{\theta}_{rg}$ 为主动齿轮和从动齿轮的角加速度；m_p 和 m_g 为主动齿轮和从动齿轮的质量；T_g 为从动轮受到的负载转矩；$\ddot{\delta}_{gx}$、$\ddot{\delta}_{gy}$、$\ddot{\delta}_{px}$ 和 $\ddot{\delta}_{py}$ 为主动齿轮、从动齿轮加速度在 x、y 方向上的分量；$F_{rpx}(t)$、$F_{rpy}(t)$、$F_{rgx}(t)$ 和 $F_{rgy}(t)$ 为主动齿轮、从动齿轮径向碰撞力在 x、y 方向上的分量；$F_{tpx}(t)$、$F_{tpy}(t)$、$F_{tgx}(t)$ 和 $F_{tgy}(t)$ 为主动齿轮、从动齿轮动态啮合力在 x、y 方向上的分量。

对于地面齿轮系统，一般考虑重力项 $m_p g$ 和 $m_g g$，由于针对航天器齿轮机构，主要工作在微重力环境中，因此应该去掉重力项，同时将多间隙耦合模型应用到齿轮系统动力学模型，考虑齿轮转子系统中径向间隙与动态齿侧间隙的耦合关系，建立多间隙耦合的齿轮转子系统动力学模型(图 5-4)。

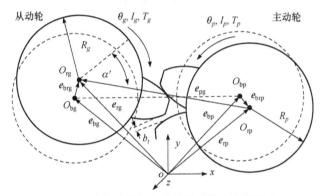

图 5-4　多间隙耦合齿轮转子系统动力学模型

如图 5-4 所示，O_{bp} 和 O_{bg} 为主动轮、从动轮的轴承中心。由于轴承径向间隙的影响，主动齿轮、从动齿轮的回转中心 O_{rp} 和 O_{rg} 偏离对应的轴承中心，因此在全局坐标系下，以上四点的矢量可表示为 e_{bp}、e_{bg}、e_{rp} 和 e_{rg}。径向间隙矢量 e_{brp} 和 e_{brg} 可分别表示为

$$e_{brp} = e_{rp} - e_{bp} \tag{5-44}$$

$$e_{brg} = e_{rg} - e_{bp} \tag{5-45}$$

主动齿轮、从动齿轮之间的实际中心距 A' 可利用矢量 e_{pg} 表示为

$$e_{pg} = e_{rg} - e_{rp} \tag{5-46}$$

根据式(5-44)，动态齿侧间隙可表示为

$$b_t = 2A_0 \cos \alpha_0 \left(\text{inv} \left(\arccos \left(\frac{A_0}{e_{rg} - e_{rp}} \cos \alpha_0 \right) \right) - \text{inv}(\alpha_0) \right) + b_0 \tag{5-47}$$

齿轮沿啮合线方向上的位移可表示为

$$g_t = r_1\theta_1 - r_2\theta_2 + (e_{\text{brpx}} - e_{\text{brgx}})\sin\alpha' + (e_{\text{brpy}} - e_{\text{brgy}})\cos\alpha' \tag{5-48}$$

根据式(5-34)、式(5-42)和式(5-43)，结合前面的相关参数推导，可得多间隙耦合齿轮转子系统动力方程。

主动齿轮、从动齿轮的受力方程可表示为

$$\begin{cases} I_p\ddot{\theta}_{rp} + \left(K_t f_g(g_t) + D_t(f_g(g_t))\dot{g}_t\right)R_p' = T_p \\ m_p\ddot{\delta}_{px} + \left(K_r f_r(e_{\text{brpx}})^n + D_r(f_r(e_{\text{brpx}}))\dot{\delta}_{px}\right) + \left(K_t f_g(g_t) + D_t(f_g(g_t))\dot{g}_t\right)\sin\alpha' = 0 \\ m_p\ddot{\delta}_{py} + \left(K_r f_r(e_{\text{brpy}})^n + D_r(f_r(e_{\text{brpy}}))\dot{\delta}_{py}\right) + \left(K_t f_g(g_t) + D_t(f_g(g_t))\dot{g}_t\right)\cos\alpha' = 0 \\ I_g\ddot{\theta}_{rg} - \left(K_t f_g(g_t) + D_t(f_g(g_t))\dot{g}_t\right)R_g' = T_g \\ m_g\ddot{\delta}_{gx} + \left(K_r f_r(e_{\text{brgx}})^n + D_r(f_r(e_{\text{brgx}}))\dot{\delta}_{gx}\right) - \left(K_t f_g(g_t) + D_t(f_g(g_t))\dot{g}_t\right)\sin\alpha' = 0 \\ m_g\ddot{\delta}_{gy} + \left(K_r f_r(e_{\text{brgy}})^n + D_r(f_r(e_{\text{brgy}}))\dot{\delta}_{gy}\right) - \left(K_t f_g(g_t) + D_t(f_g(g_t))\dot{g}_t\right)\cos\alpha' = 0 \end{cases}$$

$$\tag{5-49}$$

其中，e_{brpx}、e_{brpy}、e_{brgx} 和 e_{brgy} 为主动齿轮、从动齿轮的径向间隙矢量在 x、y 方向上的分量。

5.5　多间隙耦合效应分析

通过前一节的分析，建立考虑多间隙耦合的齿轮转子系统动力学模型，模型采用二状态模型描述径向间隙，同时引入动态齿侧间隙的概念。相对于传统的多间隙模型，这更符合齿轮工作的实际状态，也能反映更多的非线性动力学特性。下面以单对齿轮为研究对象，对比分析提出的多间隙耦合模型与传统的多间隙模型在动力学特性上的差别，以及多间隙耦合效应对系统动力学特性的影响规律。

对比模型采用 Kahraman 提出的多间隙齿轮系统模型[146-148]。该模型在多间隙齿轮系统动力学分析中得到广泛的应用，在齿轮啮合处考虑时变啮合刚度和阻尼特性，在径向间隙处利用等效弹簧阻尼模型描述径向间隙的运动规律。由于 Kahraman 模型忽略径向间隙处的径向跳动对齿侧间隙的动态影响，与多间隙耦合模型在反映系统非线性动力学特性方面会有一定的差异。为了便于比对，两种模型的参数也参考了文献中的参数，主要结构参数如表 5-1 所示。针对两种多间隙动力学模型中的高维非线性微分方程组很难给出解析解，因此利用数值计算，统一采用 Newmark 法进行求解。

表 5-1　齿轮转子系统结构参数

参数	数值	参数	数值
主动轮齿数	18	主动轮质量/kg	0.132
从动轮齿数	18	从动轮质量/kg	0.132
模数	2.5	主动轮转动惯量/(kg·m²)	0.0107
压力角/(°)	20	从动轮转动惯量/(kg·m²)	0.0107

主动齿轮的径向间隙 c_{rp}=0mm，从动齿轮的径向间隙 c_{rg}=0.1mm，初始齿侧间隙 b_o=0.1mm，转速为 20r/min。下面对比两种多间隙模型的动力学特性，分析多间隙耦合效应对齿轮转子系统动力学特性的影响规律。

首先分析径向间隙处从动轮轴中心点(转子中心)运动轨迹的变化规律，然后对比观测多间隙耦合对于轴在轴套内的径向跳动规律。

转子中心运动轨迹如图 5-5 所示。由图可知，齿轮转子中心在启动时刻与轴承中心重合，启动后转子由于离心力的作用向间隙的边缘运动，直到与轴承发生接触碰撞，碰撞后转子脱离该接触点，开始下一次碰撞。经过多次碰撞，转子逐渐稳定在径向间隙的边缘，与轴承处于连续接触状态，同时还伴有小幅的跳动。但是，耦合模型发生碰撞的次数更多，在间隙边缘的小幅跳动也更多。由此可知，多间隙耦合作用对齿轮转子的径向跳动有一定的影响，其运动规律更为复杂。

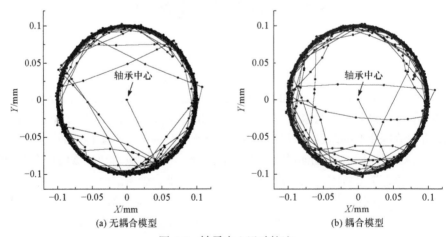

(a) 无耦合模型　　　　　　　(b) 耦合模型

图 5-5　转子中心运动轨迹

两种模型轴承径向接触力的变化曲线如图 5-6 所示。图 5-6 反映齿轮转子径向跳动的剧烈程度。径向接触力的大小由嵌入深度决定，径向接触力越大，说明嵌入量越大，转子与轴套之间的径向接触振动幅值也越大。可以看出，无耦合模型的径向接触力在启动初期较大，转子与轴承间的碰撞较为剧烈，随着碰撞次数的增加，接触力开始衰减。这一变化规律是典型的等效弹簧阻尼模型的振动衰减规律。耦合模型的径向接触力也是在启动初期较大，但是转子与轴承间的碰撞一直存在，很难进入稳定状态。这说明，多间隙耦合模型产生的内部扰动一直影响转子的径向跳动，使其很难进入稳定状态。同时，对比两模型的接触力幅值和碰撞次数发现，多间隙耦合模型的接触力最大峰值和碰撞次数都大于无耦合模型，说明由于多间隙耦合效应的影响，转子与轴承间的径向跳动更为剧烈，轴承受到的冲击力更大。

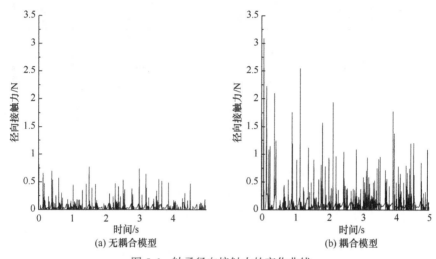

图 5-6　轴承径向接触力的变化曲线

　　进一步分析多间隙耦合对于齿轮啮合传动关系的影响，首先给出两种模型下沿啮合线方向的相对位移变化曲线，相对啮合位移的变化能够反映轮齿在啮合过程中所处于的啮合状态，当相对啮合位移大于等于 0 时，主动齿轮、从动齿轮处于正常啮合状态，当相对啮合位移小于 0 时处于脱齿状态，当相对啮合位移小于 $-b_t$ 时，主动齿轮、从动齿轮出现齿背接触现象。如图 5-7 所示，耦合模型与无耦合模型的啮合相对位移变化的整体趋势一致。由于无耦合模型齿侧间隙大小为常数值 0.1mm，因此其相对位移的最大幅值也为 0.1mm。在耦合模型中，由于考虑动态齿侧间隙，转子的径向跳动会增大齿侧间隙，因此耦合模型中相对位移的幅值大于 0.1mm。由此可知，多间隙耦合效应使实际齿侧间隙大于理论间隙，会加大齿轮扭转运动误差，降低传动精度。

　　同时，也给出了两种模型的齿轮动态啮合力计算结果，用于对比分析多间隙耦合对于轮齿啮合关系的影响规律。如图 5-8 所示，当动态啮合力大于 0 时齿轮处于齿面接触，当啮合力为 0 时齿轮处于脱齿状态，当啮合力小于 0 时齿轮出现齿背碰撞现象。多间隙耦合模型出现齿背碰撞的次数要多于无耦合模型，说明多间隙耦合效应导致齿轮扭转的振动更为剧烈，使齿轮传动过程中的稳定性变差。

从数值上看，多间隙耦合模型的动态啮合力要大于无耦合模型，这说明多间隙耦合效应使主动轮、从动轮齿之间的冲击更为剧烈，啮合状态变差。此外，对齿面而言还会加剧齿面磨损，导致齿侧间隙增大。

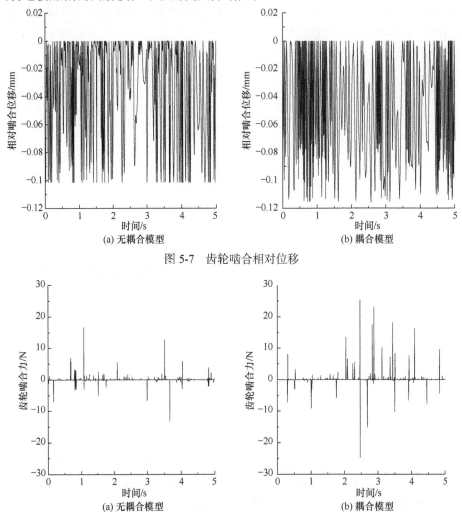

图 5-7　齿轮啮合相对位移

图 5-8　齿轮动态啮合力

　　为了进一步对比齿轮转子系统的运动形态，利用庞加莱映射研究系统的非线性动力学特性。首先，针对从动齿轮的径向跳动，分别绘制两种模型的庞加莱映射图，如图 5-9 所示。

　　可以看出，无耦合模型的庞加莱映射并不是周期性运动，但是庞加莱截面上的点基本集中在一条曲线上，呈现一定的拟周期特性。这主要是采用等效弹簧阻尼模型的结果，等效弹簧阻尼模型的运动应该具有一定的周期性，由于齿侧间隙的干扰，呈现出拟周期特性。同时，从动轮转子的径向跳动呈现明显的混沌特性，这主要是径向间隙处转子与轴套之间的分离和碰撞引起的。因此，从径向跳动的庞加莱映射图中可以看出，多间隙耦合模型更能反映径向间隙对系统非线性动力学特性的影响。

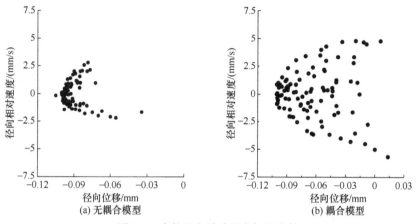

图 5-9　齿轮径向跳动的庞加莱映射

齿轮扭转振动的庞加莱映射如图 5-10 所示。可以看出，庞加莱截面上的点分布较为分散，说明无耦合模型的扭转运动呈现混沌现象，这主要是齿侧间隙引起的。多间隙耦合模型的扭转运动也同样呈现混沌现象。相对于多间隙耦合模型，无耦合模型在庞加莱截面上的点较为集中，而多间隙耦合模型的点相对更为分散。虽然两个模型的扭转运动都是混沌运动，但是多间隙耦合模型扭转运动更不稳定。因此，多间隙耦合效应对于齿轮转子系统扭转运动的影响非常明显，导致扭转运动波动增大，稳定性变差。

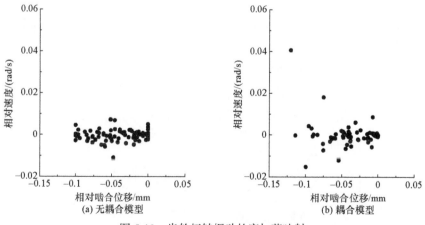

图 5-10　齿轮扭转振动的庞加莱映射

综上所述，相比于 Kahraman 的多间隙模型，本书提出的多间隙耦合模型反映多间隙耦合效应的影响，随着齿轮转子的径向跳动次数增加，轴承受到的冲击力增大，同时齿侧间隙的动态变化使相对啮合位移增大，进而加大齿轮的扭转运动误差，使齿轮的啮合力增大，啮合状态变差，运行稳定性降低。

5.6　含多间隙齿轮转子系统动力学验证实验

为了验证多间隙齿轮转子系统动力学建模方法的正确性，本节设计相应的动力学验证实验，研制能够同时考虑径向间隙与齿侧间隙的齿轮系统实验装置，并在此基础上，利用测量设备、信号采集设备，以及工控机等搭建多间隙耦合齿轮转子系统实验平台。同时，针对实验装置中的结构参数，建立多间隙齿轮转子系统动力学模型，进行数值仿真，并与实验结果进行比对，进而验证上述理论建模的正确性。

5.6.1　多间隙齿轮转子系统实验装置简介

为了同时考虑齿轮转子系统的径向间隙和齿侧间隙，并做到径向间隙与齿侧间隙大小可调，我们设计了多间隙齿轮转子系统实验装置。该装置的最大特点是能够同时考虑齿轮转子系统的轴承径向间隙与轮齿齿侧间隙，实现径向间隙与齿侧间隙大小可调，同时可以控制齿轮转速。因此，利用控制变量方法进行动力学特性实验可以反映多间隙耦合效应对齿轮转子系统动力学特性的影响规律，进而验证多间隙耦合理论模型的正确性。多间隙耦合齿轮转子系统实验装置结构简图如图 5-11 所示。图中，主要包括主动轮、从动轮、驱动电机、支架、滑块、从动轮轴几个主要部分组成。主动轮由驱动电机驱动，提供驱动转速。滑块放在支架上的滑槽内，可在主动齿轮、从动齿轮中心距方向上左右移动，从而调整主动齿

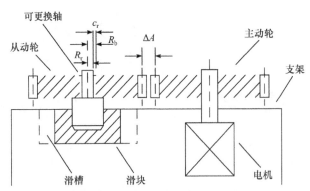

图 5-11　多间隙耦合齿轮转子系统实验装置结构简图

轮、从动齿轮的中心距，进而改变齿侧间隙的大小，根据式(5-27)可以找到中心距变化与齿侧间隙的几何关系，进而换算出齿侧间隙大小，保证齿侧间隙大小可控。同时，滑块上有锁紧螺栓，使其能够在调整后固定在滑槽内，防止滑块松动。从动轮轴的一端通过螺纹固定在滑块上，另一端的轴径可以更换，进而与从动齿轮配合，保证径向间隙大小可调。为了等效空间微重力环境，实验装置中没有采用齿轮轴水平的布置方式，而是采用齿轮轴垂直于水平面的布置方式，这样在齿轮的回转平面内不受重力的影响。

　　实验装置原理图设计完成后，要面临实际的设计、加工与装配问题。此时，还有几点因素需要考虑。首先是齿轮的选取问题，因为齿侧间隙的调整是通过改变两齿轮实际中心距实现的，但是根据实际中心距与齿侧间隙的几何关系，所以中心距的增加量 ΔA（$\Delta A = A' - A$）与齿侧间隙的比例关系约为 $1:1$。因此，为了保证齿侧间隙在较大范围内可调，就要选取模数较大的齿轮。最终选取齿轮模数为4 的齿轮。其次，实验装置要能够实现转速可调，用于研究不同转速对于系统动态响应的影响，因此选取直流伺服电机，转速可调范围在 $0\sim300\text{r/min}$。再次，为了减少实验装置中可能出现的激扰信号，没有采用减速器，避免减速器的齿轮啮合频率影响测量结果。由于没有减速器，齿轮的尺寸不能过大，否则启动和制动时过大的惯性力会直接作用在电机上，影响电机的正常运转。最后，综合考虑齿轮惯量，以及整个装置的尺寸，选取齿轮齿数为 20 的齿轮。通过反复的设计和校核，多间隙耦合齿轮转子系统实验装置实物如图 5-12 所示。

图 5-12　多间隙耦合齿轮转子系统实验装置实物

　　多间隙齿轮转子系统实验平台包括多间隙齿轮转子系统实验装置、电机驱动器、加速度传感器、信号采集器、工控机等。其中，电机驱动器用于控制电机转速，主动齿轮转速可调。采用加速度传感器测量系统振动，将其安装在从动轮的轴上，采用三轴加速度传感器，重点测量沿中心线方向的加速度。从该方向，我们不但能够观测到轴与齿轮接触碰撞时的振动频率，还能观测到齿轮啮合振动在该方向上的分量。加速度传感器将采集到的加速度信号通过信号采集器传给工控机，利用工控机进一步分析频谱特性。该实验系统的特点是能够方便地调整轴承径向间隙和齿侧间隙的大小，同时能够控制驱动转速，进而研究多间隙耦合下的齿轮转子系统的振动特性。实验平台用到的设备主要参数如表 5-2 所示。

表 5-2　实验设备的主要参数

设备名称	型号	主要参数	值
直流伺服电机	GYB401D5-RC2	功率/W	400
		电压/V	220
加速度传感器	356A02	灵敏度/[mv/(m/s²)]	1.02
		量程/(m/s²)	±4900
信号采集器	YE6267	采样频率//kHz	100

5.6.2　多间隙齿轮转子系统实验验证

考虑多间隙耦合的齿轮转子系统动力学模型采用二状态模型描述径向间隙，同时考虑径向跳动对齿侧间隙的影响，引入动态齿侧间隙的概念。相对于传统的多间隙模型，更符合齿轮工作的实际状态，反映更多的非线性动力学特性。本节利用多间隙齿轮转子系统实验平台进行动力学验证实验，并结合实验数据对比分析多间隙耦合模型与传统多间隙模型在动力学特性上的差别。对比模型采用 Kahraman 提出的多间隙齿轮系统动力学模型[146-148]。其基本形式如式(5-49)所示，在径向间隙处考虑非线性接触刚度和非线性阻尼系数，在齿轮啮合方面，考虑时变啮合刚度和阻尼特性，但是认为齿侧间隙为常数，主要与加工和装配精度相关，没有考虑径向间隙处运动偏差导致齿侧间隙的动态变化。同时，为了与多间隙耦合模型，以及实验工况相符，我们将模型中的重力项去掉。实验验证过程采用多间隙耦合模型和多间隙无耦合模型与实验数据进行比对。齿轮转子系统结构参数如表 5-3 所示。

表 5-3　齿轮转子系统结构参数

参数	数值	参数	数值
主动轮齿数	20	主动轮质量/kg	0.235
从动轮齿数	20	从动轮质量/kg	0.235
模数/mm	4	主动轮转动惯量/(kg·m²)	0.0189
压力角/(°)	20	从动轮转动惯量/(kg·m²)	0.0189

根据以上参数，进行相应的数值计算和实验，将数值计算结果与实验结果比对。实验主要测量从动齿轮轴的振动加速度，因此数值计算同样获取该项计算数据，然后进行频谱分析。这里取轴承径向间隙 c_r 与初始齿侧间隙 b_o 都为 100μm，主动齿轮的驱动转速 ω_p 取 60r/min、120r/min 和 180r/min。数值计算数据和实验数据的对比图如图 5-13～图 5-15 所示。

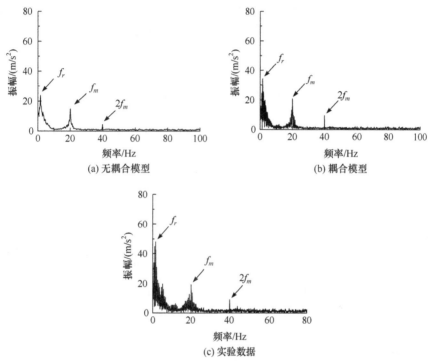

图 5-13　从动齿轮振动加速度频谱图($c_r=b_o$=100μm, ω_p=60r/min)

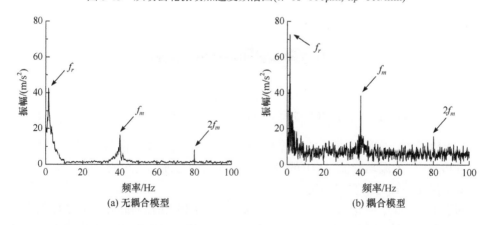

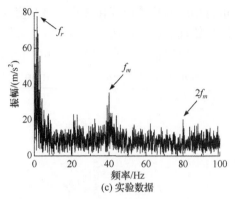

图 5-14　从动齿轮振动加速度频谱图($c_r=b_o=100\mu\text{m}$, $\omega_p=120\text{r/min}$)

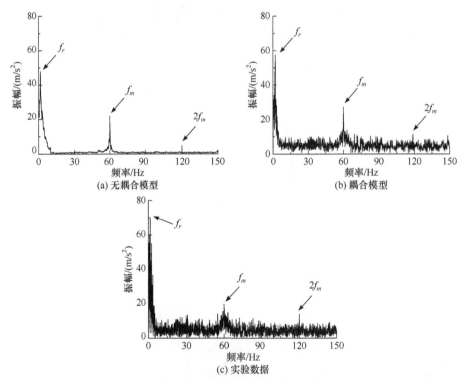

图 5-15　从动齿轮振动加速度频谱图($c_r=b_o=100\mu\text{m}$, $\omega_p=180\text{r/min}$)

可以看出,实验数据的频率谱主要包括三个振动峰值。由转速和齿轮结构参数可知,这三个振动峰值对应的频率为从动齿轮轴与轴套之间的径向振动频率 f_r,主要是齿轮的轴与轴套之间连续接触引起的;齿轮啮合频率 f_m,主要是轮齿的啮入和啮出引起的;齿轮啮合频率 $2f_m$,主要是齿侧间隙和径向间隙等非线性因素引起的。在数值计算中,多间隙耦合模型和无耦合模型的频率谱都能反映以上三种频率，说明两种模型在计算齿轮的基本振动规律上是正确的。从振幅随转速的变化趋势来看，转速在 120r/min 时，径向振动幅值和啮合振动幅值及其倍频都明显高于其他两种转速下的振幅，但是此时频率特性仍然与其他两组数据一致，因此可以排除实验误差的影响。这一现象应该是径向间隙和齿侧间隙导致的耦合振动产生的谐振，进而使振幅突然增大。从耦合模型和无耦合模型的频率谱可以看出，耦合模型的振幅也出现类似的现象，在转速为 120r/min 时振幅较大，但是在无耦合模型中没有出现。无耦合模型的振幅是随着转速的提高而增大的，这一变化趋势也与实验数据差距较大。

由于实验同时加入了径向间隙和齿侧间隙，系统出现耦合振动，导致频率谱中出现一定程度的小幅波动，同时在转速的影响下，还出现谐振现象。从实验的角度，齿轮机构中确实存在径向间隙与齿侧间隙的耦合现象，并会对系统的振动特性造成不利影响。本书提出的多间隙耦合模型考虑径向间隙与动态齿侧间隙的耦合关系，能够反映多间隙耦合导致的非线性现象，相比于多间隙无耦合模型，更符合实际。

进一步，从定量的角度分析数值计算与实验数据的差别，主要从频率和振幅两方面进行比对。不同转速下振动频率和振幅的理论与实验数据比对如表 5-4 和表 5-5 所示。

表 5-4　不同转速下振动频率的理论与实验数据比对

转速/(r/min)	实验结果/Hz	耦合模型		无耦合模型	
		频率/Hz	误差/%	频率/Hz	误差/%
60	径向振动 1.572	1.524	3.03	1.619	2.99
60	啮合振动 1 倍频 19.958	20.006	0.24	20.100	0.71
60	啮合振动 2 倍频 40.011	39.916	0.24	40.107	0.24
120	径向振动 1.553	1.506	3.02	1.515	2.45
120	啮合振动 1 倍频 40.141	40.094	0.12	40.072	0.17
120	啮合振动 2 倍频 80.094	80.188	0.12	80.001	0.12
180	径向振动 1.562	1.514	3.11	1.499	4.03
180	啮合振动 1 倍频 60.059	60.013	0.08	59.984	0.12
180	啮合振动 2 倍频 120.026	119.934	0.07	120.089	0.05

由此可知，多间隙耦合模型和无耦合模型在径向振动频率和啮合振动频率的计算与实验数据误差较小，但在振幅的计算上，无耦合模型与实验相差较大，尤其在转速为 120r/min 时，计算误差非常大。这说明，无耦合模型无法准确反映多

间隙齿轮机构可能出现的谐振现象。耦合模型的振幅误差相对较小，能够反映120r/min时出现的谐振现象。这说明，耦合模型考虑径向间隙与动态齿侧间隙之间的耦合关系，能够较准确地反映多间隙齿轮机构的耦合振动特性，相比传统的多间隙模型更符合实际。

表 5-5　不同转速下振幅的理论与实验数据比对

转速/(r/min)	实验结果/(m/s²)	耦合模型		无耦合模型	
		振幅/(m/s²)	误差/%	振幅/(m/s²)	误差/%
60	径向振动 48.026	34.478	28.21	25.862	46.15
60	啮合振动 1 倍频 19.291	20.932	8.51	14.975	22.37
60	啮合振动 2 倍频 8.933	9.647	7.99	4.426	50.45
120	径向振动 77.826	72.731	6.55	41.697	46.42
120	啮合振动 1 倍频 35.251	38.692	9.76	16.491	53.22
120	啮合振动 2 倍频 20.209	15.866	21.49	8.360	58.63
180	径向振动 69.667	57.669	17.22	47.926	31.21
180	啮合振动 1 倍频 19.939	21.343	7.04	22.085	10.76
180	啮合振动 2 倍频 14.144	11.349	19.76	4.93	65.14

　　进一步，验证不同径向间隙与齿侧间隙的大小下齿轮转子系统的振动特性，取驱动转速为120r/min，通过改变从动齿轮处滑块的位置，更换从动轮的轴径，得到三种不同间隙组合的实验数据，即 $c_r=200\mu m$、$b_o=100\mu m$；$c_r=100\mu m$、$b_o=200\mu m$；$c_r=200\mu m$、$b_o=200\mu m$。其振动频率谱的数值计算值和实验结果分别如图 5-16～图 5-18 所示。

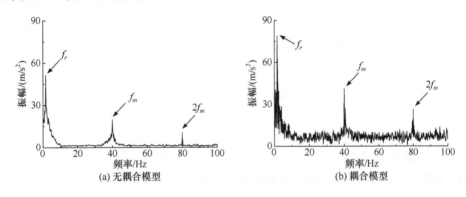

(a) 无耦合模型　　　　　　　　　(b) 耦合模型

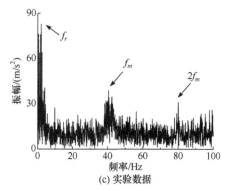

图 5-16　从动齿轮振动加速度频谱图(c_r=200μm, b_o=100μm, ω_p=120r/min)

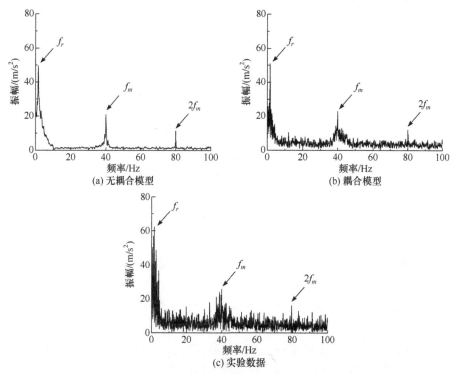

图 5-17　从动齿轮振动加速度频谱图(c_r=100μm, b_o=200μm, ω_p=120r/min)

图 5-16～图 5-18 反映不同径向间隙与齿侧间隙组合下的系统振动特性。从不同间隙组合下的实验数据中可以看到，在径向间隙 c_r=200μm，初始齿侧间隙 b_o=100μm 时，齿轮的振幅明显高于其他两种间隙组合，说明在该间隙组合下，多间隙引起耦合振动导致系统产生谐振现象。从多间隙耦合模型的数据中也能够反映系统在 c_r=200μm、b_o=100μm 时出现的谐振现象。无耦合模型的振幅随间隙的变化规律与实验有一定差别。无耦合模型反映在 c_r=200μm、b_o=200μm 时，系统

的振动幅值最大，而在 c_r=200μm、b_o=100μm 时，系统并没有出现明显的谐振现象。由此可知，多间隙耦合模型在间隙变化对系统振动特性影响的计算中与实验数据的吻合较好，能够反映系统出现的谐振现象。

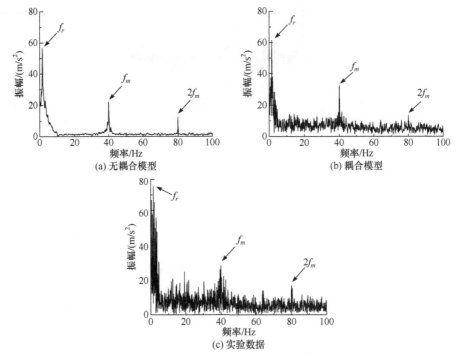

(a) 无耦合模型 　　　　　(b) 耦合模型

(c) 实验数据

图 5-18　从动齿轮振动加速度频谱图(c_r=200μm,b_o=200μm,ω_p=120r/min)

　　进一步，从定量的角度分析数值计算与实验数据的差别，主要从频率和振幅两方面进行比对。如表 5-6 和表 5-7 所示，多间隙耦合模型和无耦合模型在径向振动频率和啮合振动频率的计算上与实验数据误差较小，但是在振幅的计算上，无耦合模型与实验误差较大，尤其在间隙大小为 c_r=200μm、b_o=100μm 时，误差较大，说明无耦合模型无法准确反映多间隙齿轮机构可能出现的谐振现象。耦合模型的振幅误差相对较小，能够反映系统出现的谐振现象。

　　综上所述，在考虑多间隙的齿轮机构实验中，径向间隙和动态齿侧间隙共同作用导致耦合振动现象，通过对实验数据进行分析，证明本书提出的耦合模型能够较准确地反映这一耦合振动现象，同时在频率和振幅的计算上也较为准确。无耦合模型没有考虑径向间隙与齿侧间隙的耦合关系，会忽略齿侧间隙的动态变化，导致与实验结果差距较大。

　　实验分析发现，理论计算与实验数据存在一定的误差。误差源主要有以下几方面的原因。

① 数值计算中，接触刚度和阻尼的选取都是采用经验公式计算出来的，与实际装置存在误差。这就直接导致碰撞力的计算与实际碰撞力之间存在偏差，最终导致振动幅值计算不准确。

② 由于从动轮的轴与轴套加工精度的限制、表面粗糙度，以及整体形貌与理论模型存在差别，因此可以进一步提高轴的加工精度来减小实验误差。

③ 受齿形加工误差的影响，实际齿侧间隙会与理论值产生偏差，并且分布并不均匀。因此，在实验中，齿侧间隙变化对系统振动特性的影响并没有理论分析时那么有规律性。在今后的研究中应该选用高精度的齿轮进行实验。

④ 主动齿轮与驱动电机之间利用联轴器直接安装在一起，使主动齿轮的转动并不平稳。在今后实验装置的改进上，可以在驱动电机与主动齿轮之间增加飞轮，并采用带传动方式获得更为稳定的输入。

表 5-6　不同间隙下振动频率的理论与实验数据比对

间隙大小		实验结果/Hz	耦合模型		无耦合模型	
径向/μm	齿侧/μm		频率/Hz	误差/%	频率/Hz	误差/%
200	100	径向振动 1.543	1.558	0.97	1.639	6.22
200	100	啮合 1 倍频 40.505	40.023	1.19	40.145	0.89
200	100	啮合 2 倍频 80.032	80.109	0.09	79.981	0.06
100	200	径向振动 1.535	1.572	2.41	1.569	2.21
100	200	啮合 1 倍频 40.011	39.964	0.12	40.126	0.29
100	200	啮合 2 倍频 80.142	80.092	0.06	80.232	0.11
200	200	径向振动 1.550	1.524	1.68	1.587	2.39
200	200	啮合 1 倍频 40.140	40.107	0.08	40.317	0.44
200	200	啮合 2 倍频 80.178	80.160	0.02	80.296	0.15

表 5-7　不同间隙下振幅的理论与实验数据比对

间隙大小		实验结果/(m/s²)	耦合模型		无耦合模型	
径向/μm	齿侧/μm		振幅/(m/s²)	误差/%	振幅/(m/s²)	误差/%
200	100	径向振动 83.112	79.010	4.94	51.521	38.01
200	100	啮合 1 倍频 39.167	41.038	4.78	20.005	48.92
200	100	啮合 2 倍频 30.800	26.125	15.18	10.495	65.93
100	200	径向振动 62.212	51.075	17.90	49.673	20.16
100	200	啮合 1 倍频 25.557	22.972	10.11	21.100	17.44
100	200	啮合 2 倍频 15.972	11.976	25.02	11.486	28.09

续表

间隙大小		实验结果/(m/s²)	耦合模型		无耦合模型	
径向/μm	齿侧/μm		振幅/(m/s²)	误差/%	振幅/(m/s²)	误差/%
200	200	径向振动 75.783	61.683	18.61	56.673	25.22
200	200	啮合 1 倍频 28.880	32.258	11.70	22.094	23.49
200	200	啮合 2 倍频 17.125	13.597	20.60	12.495	27.04

第6章　含多间隙耦合的行星齿轮传动机构系统动力学

行星齿轮传动系统具有大承载能力、高可靠性和长寿命等特性，广泛应用于航天机构，如大型空间机械臂、卫星天线驱动机构，以及其他典型航天机构中都包含行星齿轮传动系统。在以往的行星齿轮系统动力学研究中，主要考虑齿侧间隙和时变啮合刚度这两种非线性因素，忽略径向间隙、多间隙耦合效应的影响。动力学与实验分析发现，多间隙耦合效应对齿轮转子系统的动力学特性有显著影响。因此，对包含多组齿轮传动副的行星齿轮传动系统而言，多间隙耦合效应也是不容忽略的。针对以上问题，本章将多间隙耦合模型应用到行星齿轮传动系统中，根据实际应用的行星齿轮结构参数建立考虑多间隙耦合效应的行星齿轮传动系统非线性动力学模型。动力学模型考虑时变啮合刚度、动态齿侧间隙、径向间隙等非线性因素，研究系统的非线性动态响应，为行星齿轮传动系统的设计和分析提供理论基础。

6.1　行星齿轮传动系统动力学建模

以典型的 2K-H 型行星齿轮(图 6-1)减速器为研究对象，其系统主要包括太阳轮(记为 s)、内齿圈(记为 r)、行星架(记为 c)和一定数量的行星齿轮(记为 p)。每个行星齿轮都通过轴承被固定在行星架上，相对于行星架可以自由转动。在减速过程中，将太阳轮作为输入，固定内齿圈，将行星架作为输出。

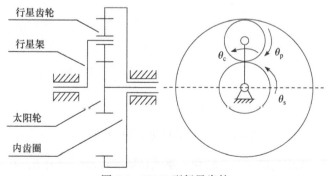

图 6-1　2K-H 型行星齿轮

为了建立行星齿轮传动系统动力学模型，提出如下假设。

① 系统中的每个齿轮都被认为是刚性齿轮，不考虑接触碰撞过程中的塑性变形。

② 不考虑传动轴的弹性变形，仅考虑轴承间隙引发的径向跳动对系统动态特性的影响。

③ 假设行星齿轮系统为平面系统，将轴承处的径向运动等效为齿轮回转平面内的两自由度平移运动，同时将齿轮的扭转运动等效为回转平面内的单自由度转动。

在现有的行星齿轮传动系统动力学建模研究中，一般只考虑齿侧间隙和时变啮合刚度的影响[175-182]，而没有考虑行星齿轮结构内部径向间隙问题，以及径向间隙与动态齿侧间隙的耦合问题。本书提出的行星齿轮系统动力学模型考虑多间隙耦合问题，更能反映多间隙复杂齿轮机构的非线性动力学特性。在行星齿轮传动系统中，让内齿圈固定，以太阳轮为输入端，行星架为输出端。行星齿轮传动系统动力学模型如图 6-2 所示。

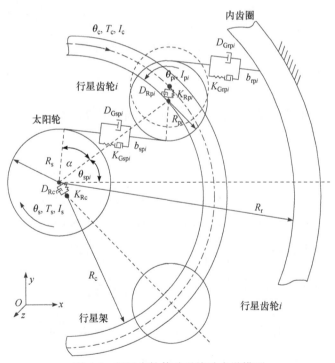

图 6-2　行星齿轮传动系统动力学模型

图 6-2 中，太阳轮的半径、转角、驱动转矩、转动惯量为 R_s、θ_s、T_s、I_s；α 为压力角；行星齿轮共有 n_p 个；每个行星齿轮的半径、转角和转动惯量为 R_{pi}、θ_{pi}

和 I_{pi}；D_{Rpi}、K_{Rpi} 为行星齿轮轴承处的径向接触碰撞模型的非线性刚度、阻尼；K_{Gspi}、D_{Gspi}、b_{spi} 为行星齿轮与太阳轮之间的时变啮合刚度、啮合阻尼、齿侧间隙；θ_{spi} 为行星齿轮相对于太阳轮的初始相位角；行星架的转角、负载转矩、转动惯量为 θ_c、T_c、I_c；D_{Rc}、K_{Rc} 为行星架输出轴与轴承径向接触碰撞模型的非线性刚度和阻尼；R_r 为内齿圈的半径；K_{Grpi}、D_{Grpi}、b_{rpi} 为内齿圈与行星齿轮之间的时变啮合刚度、啮合阻尼、齿侧间隙。行星齿轮传动系统动力学模型如下。

(1) 太阳轮动力学方程

假设太阳轮与驱动电机相连，作为行星齿轮传动系统的输入端，忽略太阳轮轴承径向间隙的影响，仅考虑太阳轮的扭转运动，其动力学方程为

$$I_s\ddot{\theta}_s(t) + \sum_{i=1}^{n_p} T_{spi} = T_s(t) \tag{6-1}$$

其中，$\ddot{\theta}_s(t)$ 为太阳轮的角加速度；行星齿轮数量 n_p 为 4；$T_s(t)$ 为太阳轮的驱动力矩；T_{spi} 为太阳轮与行星齿轮 i 之间的动态啮合力矩，可以表示成太阳轮与行星齿轮之间相对啮合位移的函数。

整理式(6-1)可得

$$I_s\ddot{\theta}_s(t) + R_s\sum_{i=1}^{n_p}(D_{Gspi}\dot{g}_{tspi}(t) + K_{Gspi}f_{tspi}(g_{tspi}(t))) = T_s(t) \tag{6-2}$$

其中，$\dot{g}_{tspi}(t)$ 为太阳轮与行星齿轮 i 之间的相对啮合速度；$f_{tspi}(g_{tspi}(t))$ 为齿侧间隙函数；D_{Gspi} 和 K_{Gspi} 为太阳轮与行星齿轮 i 之间的非线性啮合阻尼和时变啮合刚度。

(2) 行星齿轮动力学方程

行星齿轮固定在行星架上，由于轴承径向间隙的影响，行星齿轮相对于行星架产生径向振动，同时由于行星架也存在径向间隙，因此还要考虑行星架的径向振动对行星齿轮径向振动的影响。由于行星齿轮同时与太阳轮和内齿圈啮合，轴承处的径向振动会导致行星齿轮与太阳轮和内齿圈之间的齿侧间隙动态变化，因此方程要考虑径向间隙与齿侧间隙的耦合关系对行星齿轮动力学特性的影响。具体动力学方程为

$$\begin{cases} I_p\ddot{\theta}_{cpi}(t) + I_{cp}\ddot{\theta}_c(t) - T_{spi} + T_{rpi} = 0 \\ m_{pi}\ddot{\delta}_{pix}(t) - F_{Rpix} = 0 \\ m_{pi}\ddot{\delta}_{piy}(t) - F_{Rpiy} = 0 \end{cases}, \quad i-1,2,\cdots,n_p \tag{6-3}$$

其中，i 表示第 i 个行星齿轮；$\theta_{cpi}(t)$ 为行星齿轮相对于行星架的转角，即 $\theta_{cpi}(t) = \theta_{pi}(t) - \theta_c(t)$；$\ddot{\theta}_{cpi}(t)$ 为行星齿轮相对于行星架的角加速度；$\ddot{\theta}_c(t)$ 为行星

架的角加速度；I_{cp} 为行星架的等效转动惯量，$I_{cp} = I_c + n_p(I_p + R_c^2 m_p)$，$m_p$ 为行星齿轮的质量；T_{rpi} 为行星齿轮和内齿圈之间的动态啮合力矩；F_{Rpi} 为行星齿轮与行星架之间的径向接触力；F_{Rpix} 和 F_{Rpiy} 为在 x、y 方向上的分量。 相对于传统的行星齿轮模型，式(6-3)考虑行星齿轮径向间隙的影响，同时根据式(5-49)给出的多间隙耦合齿轮转子系动力学方程。考虑动态齿侧间隙，以及径向间隙与齿侧间隙之间的耦合关系。式(6-3)可以整理可得

$$
\begin{cases}
I_p \ddot{\theta}_{cpi}(t) + I_{cp} \ddot{\theta}_c(t) - R_p D_{Gspi} \dot{g}_{tspi}(t) - R_p K_{Gspi} f_{tspi}(g_{tspi}(t)) \\
\quad + R_p D_{Grpi} \cdot \dot{g}_{trpi}(t) + R_p K_{Grpi} f_{trpi}(g_{trpi}(t)) = 0 \\
m_{pi} \ddot{\delta}_{pix}(t) - D_{Rpi} \dot{\delta}_{pix}(t) - K_{Rpi} f_{rpix}(\delta_{pix}(t)) = 0 \\
m_{pi} \ddot{\delta}_{piy}(t) - D_{Rpi} \dot{\delta}_{piy}(t) - K_{Rpi} f_{rpiy}(\delta_{piy}(t)) = 0
\end{cases}
\tag{6-4}
$$

其中，$g_{trpi}(t)$ 为内齿圈与行星齿轮 i 之间的相对啮合位移；$\dot{g}_{trpi}(t)$ 为内齿圈与行星齿轮 i 之间的相对啮合速度；$f_{trpi}(g_{trpi}(t))$ 为内齿圈与行星齿轮 i 之间的齿侧间隙函数；D_{Gspi} 和 K_{Gspi} 为太阳轮与行星齿轮 i 之间的非线性啮合阻尼和时变啮合刚度；D_{Rpi} 和 K_{Rpi} 为行星齿轮 i 的轴承与轴之间接触碰撞的非线性阻尼和刚度；$\delta_{pix}(t)$ 和 $\delta_{piy}(t)$ 为全局坐标系下行星齿轮 i 的轴与轴承的嵌入量在 x 和 y 方向的分量；$f_{rpix}(\delta_{pix}(t))$ 和 $f_{rpiy}(\delta_{piy}(t))$ 为行星齿轮 i 的径向间隙函数在 x 和 y 方向的分量；$\dot{\delta}_{pix}(t)$ 和 $\dot{\delta}_{piy}(t)$ 为行星齿轮 i 的轴与轴承之间相对运动速度在 x 和 y 方向的分量；$\ddot{\delta}_{pix}(t)$ 和 $\ddot{\delta}_{piy}(t)$ 为行星齿轮 i 的轴与轴承之间相对运动加速度在 x 和 y 方向的分量。

(3) 行星架动力学方程

行星架的扭转运动是靠行星齿轮相对于太阳轮的公转驱动的，主要受到行星齿轮与太阳轮，以及行星齿轮与内齿圈的扭转运动的影响。因此，在动力学方程中，需要将以上两种扭转运动考虑进去。同时，行星架的输出轴也存在径向间隙，因此在方程中要考虑轴承径向振动对行星架动力学特性的影响。具体动力学方程为

$$
\begin{cases}
I_{cp} \ddot{\theta}_c(t) + I_p \sum_{i=1}^{n_p} \ddot{\theta}_{cpi}(t) - \sum_{i=1}^{n_p} T_{spi} - \sum_{i=1}^{n_p} T_{rpi} = T_c(t) \\
m_c \ddot{\delta}_{cx}(t) + \sum_{i=1}^{n_p} F_{Rpix} - F_{Rcx} = 0 \\
m_c \ddot{\delta}_{cy}(t) + \sum_{i=1}^{n_p} F_{Rpiy} - F_{Rcy} = 0
\end{cases}
\tag{6-5}
$$

其中，F_{Rc} 为行星架输出轴与轴套之间的径向接触力；F_{Rcx} 和 F_{Rcy} 为 x 和 y 方向的分量。根据式(5-49)给出的多间隙耦合齿轮转子系统动力学方程，即

$$
\begin{cases}
I_{cp}\ddot{\theta}_c(t) + I_p\sum_{i=1}^{n_p}\ddot{\theta}_{cpi}(t) - R_s\sum_{i=1}^{n_p}(D_{Gspi}\dot{g}_{tspi}(t) + K_{Gspi}f_{tspi}(g_{tspi}(t))) \\
-R_r\sum_{i=1}^{n_p}(D_{Grpi}\dot{g}_{trpi}(t) + K_{Grpi}f_{trpi}(g_{trpi}(t))) = T_c(t) \\
m_c\ddot{\delta}_{cx}(t) + \sum_{i=1}^{n_p}(D_{Rpi}\dot{\delta}_{pix}(t) + K_{Rpi}f_{rpix}(\delta_{pix}(t))) - D_{Rc}\dot{\delta}_{cx}(t) - K_{Rc}f_{rcx}(\delta_{cx}(t)) = 0 \\
m_c\ddot{\delta}_{cy}(t) + \sum_{i=1}^{n_p}(D_{Rpi}\dot{\delta}_{piy}(t) + K_{Rpi}f_{rpiy}(\delta_{piy}(t))) - D_{Rc}\dot{\delta}_{cy}(t) - K_{Rc}f_{rcy}(\delta_{cy}(t)) = 0
\end{cases}
$$

$$(6\text{-}6)$$

其中，$\delta_{cx}(t)$ 和 $\delta_{cy}(t)$ 为全局坐标系下行星架输出轴与轴承的嵌入量在 x 和 y 方向的分量；$f_{rcx}(\delta_{cx}(t))$ 和 $f_{rcy}(\delta_{cy}(t))$ 为行星架轴承的径向间隙函数在 x 和 y 方向的分量；$\dot{\delta}_{cx}(t)$ 和 $\dot{\delta}_{cy}(t)$ 为行星架输出轴与轴承在径向的相对运动速度在 x 和 y 方向的分量；$\ddot{\delta}_{cx}(t)$ 和 $\ddot{\delta}_{cy}(t)$ 为行星架径向方向的加速度在 x 和 y 方向的分量；D_{Rc} 和 K_{Rc} 为行星架的轴承与轴之间接触碰撞的非线性阻尼和刚度。

　　本书建立的多间隙耦合行星齿轮传动系统动力学模型考虑行星齿轮系统内部的轴承径向间隙和动态齿侧间隙，以及多间隙之间的耦合关系，相比于传统的行星齿轮动力学模型，在多间隙问题上考虑得更为全面。

6.2　动力学模型修正

　　由于行星齿轮系统结构的复杂性，很难控制结构内部各间隙的大小，对于结构内部振动特性的测量也很难实现，因此不能像单对齿轮那样建立多间隙实验装置，但是可以通过系统级的扭转实验修正部分模型参数，使动力学模型更符合实际。

　　利用行星齿轮传动系统的扭转刚度实验，修正动力学模型中的齿轮啮合刚度。行星齿轮传动系统扭转实验主要利用行星齿轮扭转实验平台进行，通过静态加载，记录扭转角度和载荷，计算系统扭转刚度。行星齿轮传动系统扭转刚度实验设备如图 6-3 所示。

　　实验设备主要包括加载装置、行星齿轮传动装置、角位移传感器和夹紧装置。首先，行星齿轮传动装置的输出端利用夹紧装置固定。然后，利用加载装置对行星齿轮传动装置的输入端进行力矩加载，控制加载力矩的大小，同时利用角位移

传感器测量输入端的转角。最后，传感器将数据信号传给信号采集器，并传给工控机，进而获得实验数据。行星齿轮传动系统结构参数如表 6-1 所示。

图 6-3　行星齿轮传动系统扭转刚度实验设备

表 6-1　行星齿轮传动系统结构参数

参数	太阳轮	行星齿轮	内齿圈
齿数	34	18	70
模数/mm	1.5	1.5	1.5
压力角/(°)	21.3	21.3	21.3
弧齿厚/mm	1.895	2.585	1.844
齿面宽/mm	30	30	30

在扭转刚度实验中，以初始位置为基准，分别进行正向和反向加载，加载力矩变化范围为±10N，通过测量加载力矩与关节角位移，获取实验数据，进而绘制出行星齿轮传动装置的静态扭转力矩与角位移的变化曲线。行星齿轮传动系统扭转刚度实验数据如图 6-4 所示。

根据以上实验数据可以拟合力矩与角位移之间的函数关系式，即

$$F_k(\theta) = 8 \times 10^7 \cdot \theta - 6.7 \times 10^4 \cdot \theta^2 + 9.73 \times 10^2 \cdot \theta^3 + 0.36 \tag{6-7}$$

对式(6-7)求导，可得行星齿轮传动系统的扭转刚度，即

$$K(\theta) = 8 \times 10^7 - 1.34 \times 10^5 \cdot \theta + 1.95 \times 10^3 \cdot \theta^2 \tag{6-8}$$

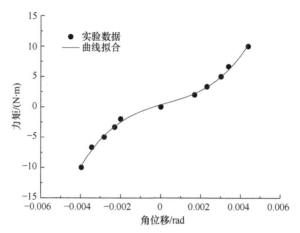

图 6-4　行星齿轮传动系统扭转刚度实验数据

系统的扭转刚度主要是行星齿轮内部轮齿之间的啮合刚度，以及构件变形引起的，而轮齿之间的啮合刚度为主要成分。根据时变啮合刚度的计算式(5-36)可知，轮齿之间的啮合刚度主要包括平均啮合刚度和刚度幅值两部分，因此对式(6-8)在±0.004 rad 范围内按照式(6-9)进行傅里叶展开，可得

$$K(\theta) = a_0 + \sum_{k=1}^{\infty}\left[a_k \cos\left(\frac{k\pi}{l}\theta\right)\right] \tag{6-9}$$

其中，l 为傅里叶展开的取值范围，即±0.004。

$$a_0 = \frac{1}{l}\int_0^l K(\theta)\cdot \mathrm{d}\theta \tag{6-10}$$

$$a_k = \frac{2}{l}\int_0^l K(\theta)\cdot \cos\left(\frac{k\pi}{l}\theta\right)\mathrm{d}\theta \tag{6-11}$$

最后，对式(6-8)～式(6-11)整理，可得扭转刚度在±0.004 范围内的表达式，即

$$K(\theta) = 8\times 10^7 + 5.09\times 10^7 \cos(785.4\theta) \tag{6-12}$$

由于式(6-12)为行星齿轮传动系统的扭转刚度，换算到轮齿上的啮合刚度可根据式(5-36)获取。轮齿时变啮合刚度的平均啮合刚度为 $4\times 10^7\,\mathrm{N/m}$，刚度幅值为 $2.55\times 10^7\,\mathrm{N/m}$。

通过行星齿轮传动关节的扭转刚度实验，对多间隙耦合的行星齿轮传动系统动力学模型中轮齿的时变啮合刚度进行修正，使动力学模型更符合实际，计算更为准确。

6.3　含多间隙行星齿轮传动系统动力学特性分析

针对行星齿轮传动系统的动力学模型，分析多间隙耦合效应对其动力学特性的影响规律。在行星齿轮传动系统内部，主要存在四种间隙，即太阳轮与行星齿轮之间的齿侧间隙 b_{sp}；行星齿轮与内齿圈之间的齿侧间隙 b_{rp}；行星齿轮转轴与行星架轴承之间的径向间隙 c_{cp}；行星架转轴与输出轴承之间的径向间隙 c_c。根据该型号行星齿轮的寿命实验可知，在不同的实验条件下，达到使用寿命要求时，齿轮的间隙一般不会超过 200μm，因此可以取四种间隙大小为 200μm，取太阳轮驱动转速为 30°/s。在无惯性负载的情况下，首先分析行星齿轮传动系统的输出端，即行星架的动力学特性。

如图 6-5 所示，在运动开始前，行星架的轴中心与轴承中心重合。启动后，由于齿轮啮合力的作用，轴向轴承的间隙边缘运动，经过多次较大幅度的跳动，最终稳定在间隙边缘附近，进入连续接触状态。由齿轮-转子系统的动力学特性分析可知，由于转速较慢，行星架的轴与轴承之间在稳定后没有发生大幅跳跃，而是处于连续接触状态。

图 6-6 为行星架中心进入连续接触状态后，随着行星架转角变化，中心点在全局坐标系下沿 x 和 y 方向的位移。可以看出，进入连续接触状态后，行星架的输出轴与轴承之间仍然存在一定程度的波动。这种波动主要是嵌入量 $\delta_c(t)$ 的变化引起的。

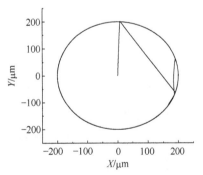　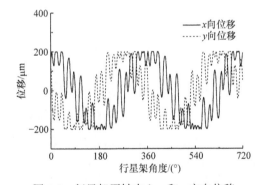

图 6-5　行星架回转中心运动轨迹　　　图 6-6　行星架回转中心 x 和 y 方向位移

如图 6-7 所示，轴承碰撞力具有一定程度的波动。从数值上看，碰撞力一直大于 0，说明保持架输出轴与轴承一直处于连续接触状态。同时，接触力峰值的波动说明，在接触过程中，嵌入量 $\delta_c(t)$ 是动态变化的。这一动态变化规律与径向间隙模型的固有频率有关，因此给出行星架轴承径向振动频率谱(图 6-8)。

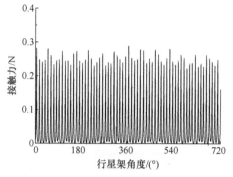

图 6-7　行星架轴承径向接触力　　　　图 6-8　行星架轴承径向振动频率谱

图 6-8 反映行星架相对于轴承的径向振动特性。可以看出，行星架的径向振动频率谱主要包含径向间隙振动的固有频率f_r，以及f_r的 2 倍频和 3 倍频。其中，径向间隙固有频率是转轴与轴承处于连续接触状态时的振动频率，此时f_r=0.87Hz。f_r的高次谐波的出现主要是行星架的径向振动与在行星架上的行星齿轮的径向振动相互耦合引起的。

同时，行星架输出转速主要靠行星齿轮在太阳轮与内齿圈之间的啮合运动产生。由于齿侧间隙的影响，行星架输出的转速也不稳定，具有一定的波动。如图 6-9 所示，行星架输出的转速不是恒定值，具有一定程度的波动。波动的主要是行星齿轮与太阳轮，以及内齿圈之间的啮合引起的。由于存在齿侧间隙和时变啮合刚度等非线性因素，因此在齿轮啮合过程中会存在一定程度的扭转振动。这一振动通过行星齿轮传到行星架上，引起行星架输出转速的波动。

图 6-10 为行星架扭转振动的频率谱，反映行星架输出转速时，在回转方向上的振动特性。行星架的回转运动主要靠行星齿轮与太阳轮和内齿圈的相互啮合实现，因此其扭转振动特性主要与齿轮之间的啮合频率f_m有关。可以看出，行星架扭转振动频率谱包含齿轮啮合频率f_m，以及f_m的 2 倍频、3 倍频、5 倍频、7 倍

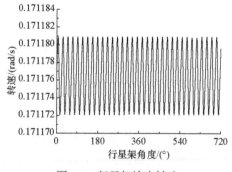

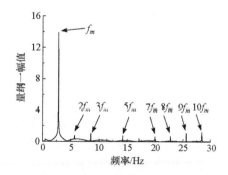

图 6-9　行星架输出转速　　　　　　图 6-10　行星架扭转振动频率谱

频、8 倍频、9 倍频和 10 倍频率。啮合频率的幅值最大，同时由于时变啮合刚度和齿侧间隙的影响，出现高次谐波。

综上所述，由于轴承径向间隙的影响，行星架的回转中心会产生一定的偏移，在惯性力的作用下，行星架的输出轴将与轴承处于连续接触状态，但在接触过程中仍然存在一定程度的径向振动。这一振动主要是径向间隙模型固有频率引起的。由于行星架与行星齿轮的轴承径向的耦合振动，行星架径向振动频率谱中不但含有径向间隙振动的固有频率，而且包含高次谐波。在行星架的扭转运动中，由于行星齿轮与太阳轮，以及内齿圈之间齿侧间隙和时变啮合刚度等非线性因素的耦合影响，行星架输出转速出现波动。同时，行星架的扭转振动频谱中不但包含齿轮啮合频率，而且包含高次谐波。

行星齿轮作为行星齿轮传动系统中的重要传动部件，其动力学特性也受到多间隙耦合效应的影响。为了分析其影响规律，首先给出系统中一个行星齿轮中心点运动轨迹，如图 6-11 所示。可以看出，行星齿轮中心点的运动规律与行星架基本相同，在较低转速的情况下，只是在启动初期出现一定程度的跳跃，进入稳定状态后，轴与轴承之间以连续接触运动为主。

如图 6-12 所示，在低转速下，行星齿轮转轴与轴承也处于连续接触状态，因此其频率谱中也包含径向间隙振动的固有频率 f_r。同时，由于行星齿轮安装在行星架上，因此行星架的径向振动会直接导致行星齿轮整体的径向振动，而行星齿轮相对于其轴承的径向振动，也会传导到行星架上影响其振动特性。因此，行星架与行星齿轮径向振动的相互耦合，导致行星齿轮径向振动出现 f_r 的 2 倍频。

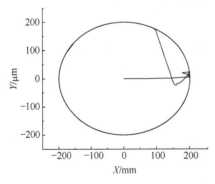
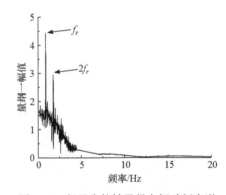

图 6-11　行星齿轮回转中心运动轨迹　　　图 6-12　行星齿轮轴承径向振动频率谱

行星齿轮与太阳轮中心距如图 6-13 所示。虽然行星齿轮的轴承径向间隙为 200μm，但是由于保持架的轴承径向间隙也为 200μm，保持架的径向跳动也会引起行星齿轮与太阳轮和外齿圈的中心距变化，因此行星齿轮实际的径向偏移量要大于 200μm。由于齿轮齿侧间隙的限制，由式(5-27)可知，假设内齿圈齿侧间隙为

200μm 时，行星齿轮的实际径向偏移量最大为 280μm。

如图 6-14 所示，随着行星齿轮的转动，行星齿轮与太阳轮之间的动态齿侧间隙发生变化。结合齿轮中心距的变化曲线可知，动态齿侧间隙随着中心距的变化而变化。从数据上看，太阳轮与行星齿轮之间的齿侧间隙变化范围为 0~400μm。

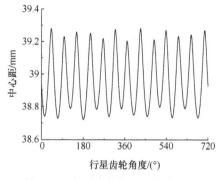

图 6-13　行星齿轮与太阳轮中心距

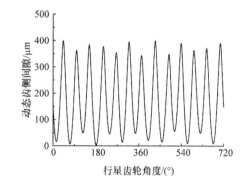

图 6-14　行星齿轮动态齿侧间隙

如图 6-15 所示，相对啮合位移的数值一直为正，说明行星齿轮与太阳轮之间处于正常啮合状态，但是时变啮合刚度和齿侧间隙波动的影响，导致相对啮合位移出现一定程度的波动。

如图 6-16 所示，与图 6-15 类似，行星齿轮与太阳轮之间的动态啮合力一直大于 0，进一步说明行星齿轮和太阳轮的轮齿之间处于正常啮合状态。从啮合力的变化趋势来看，由于受到时变啮合刚度的影响，以及径向振动和动态齿侧间隙的耦合作用，行星齿轮扭转运动并不稳定。

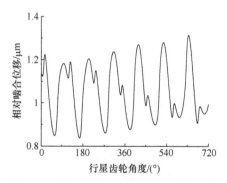

图 6-15　行星齿轮与太阳轮相对啮合位移

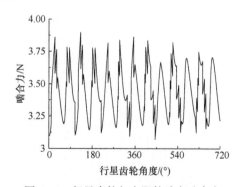

图 6-16　行星齿轮与太阳轮动态啮合力

行星齿轮与内齿圈相对啮合位移如图 6-17 所示。由式(6-2)可知，要使行星齿轮正常啮合，行星齿轮与太阳轮之间的啮合力一定大于行星齿轮与内齿圈的啮合力。可以看出，其相对啮合位移波动幅值比图 6-15 中相对应的幅值小。

行星齿轮与内齿圈动态啮合力如图 6-18 所示。由式(6-2)可知，行星齿轮与内齿圈的啮合力小于行星齿轮与太阳轮之间的啮合力。可以看出,其动态啮合力小于图 6-16 中的数值。由此可知,在同样初始间隙条件下,由于动态啮合力的差别,在长期运行过程中,随着磨损量的逐渐累加,行星齿轮与太阳轮之间的磨损要比行星齿轮与内齿圈之间的磨损更为严重。

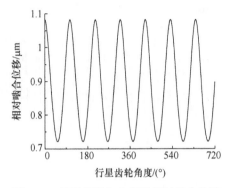

图 6-17 行星齿轮与内齿圈相对啮合位移　　图 6-18 行星齿轮与内齿圈动态啮合力

如图 6-19 所示,轮齿啮合过程中的波动导致行星齿轮输出转速出现波动。从数值上看,行星齿轮的实际输出转速与理论转速之间的偏差最大为 3.36%。由此可知,行星齿轮的运动规律受到轮齿啮合过程中时变啮合刚度,以及动态齿侧间隙等非线性因素的影响。

图 6-20 反映行星齿轮在扭转运动过程中振动幅值的分布规律,其中不但含有齿轮啮合频率 f_m,以及 f_m 的 2 倍频,还出现径向间隙振动固有频率 f_r。这说明,行星齿轮的径向振动导致齿侧间隙的变化,使动态齿侧间隙产生波动,进而影响行星齿轮的扭转振动特性。由此可知,多间隙效应对行星齿轮的扭转振动产生明显影响,不但导致其输出转速出现偏差,还使扭转振动频率谱出现齿轮啮合频率以外的高次谐波,以及径向振动频率。

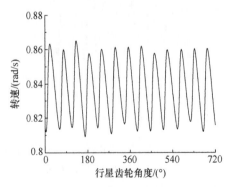

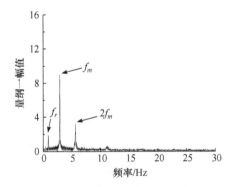

图 6-19 行星齿轮输出转速　　　　　图 6-20 行星齿轮扭转振动频率谱

综上所述，多间隙耦合效应使行星齿轮传动系统出现运动偏差，导致行星架和行星齿轮的转速出现波动，径向位移也出现偏差，而较高的动态啮合力，会加剧行星齿轮与内齿圈齿面之间的磨损。同时，在振动特性方面，多间隙耦合效应导致行星架与行星齿轮出现耦合径向振动，使它们的振动频率中包含径向间隙振动固有频率及其高次谐波。行星架的扭转振动频率包含齿轮啮合频率及其高次谐波。行星齿轮的扭转振动频率谱不但包含齿轮啮合频率及其高次谐波，还包含径向间隙振动固有频率，说明行星齿轮的径向振动与扭转振动之间存在耦合关系。

6.4　含多间隙行星齿轮传动系统动力学影响因素分析

6.4.1　驱动转速对系统动力学特性的影响规律

多间隙耦合效应对于行星齿轮的动力学特性有明显影响，同时还使系统出现耦合振动。对于含间隙机构，转速、间隙、惯性负载是影响系统动力学特性的主要因素[50-55]。在航天机构中，行星齿轮传动系统一般用于传动关节。其工作环境复杂，工作状态多样，在调姿、跟踪和指向等任务中需要的关节转速都不同，但为了提高精度和控制效率，输出转速一般不超过30°/s。首先，径向间隙与齿侧间隙都取 200μm，转速参照文献[183]中给出的航天机构驱动关节三种典型转速(即行星架输出转速ω为 27.8°/s、13.1°/s、2.6°/s)下行星齿轮传动系统动力学特性。

行星架作为行星齿轮传动系统的输出端，主要关注两方面的内容，一是输出转速是否达到期望精度，二是轴承径向碰撞力是否过大，导致轴承磨损加剧。不同转速下行星架的转速误差如图 6-21 所示。图 6-21(a)的转速误差为 0.00068%，图 6-21(b)的转速误差最大为 0.0008%。虽然图 6-21(b)的转速较高，但是误差差别不大。图 6-21(c)的转速误差最大为 0.0075%。可见，转速ω=27.8°/s 时，转速误差比其他两个转速提高很多，但是多间隙耦合效应对于行星齿轮传动系统输出转速的影响并不显著。

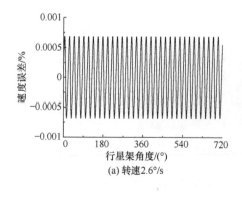

(a) 转速2.6°/s

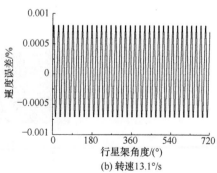

(b) 转速13.1°/s

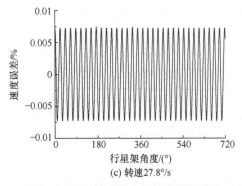

(c) 转速27.8°/s

图 6-21　不同转速下行星架的转速误差

如图 6-22 所示，输出转速为 27.8°/s 时，轴承径向接触力的波动幅值比输出转速为 13.1°/s 时高近 3 倍，接触力振动的剧烈程度也远远超过其他转速时的情况，因此在高转速时轴承磨损会较为严重。当转速为 2.6°/s 时，轴承径向接触力非常小，轴承基本不磨损。总之，在输出转速较高的情况下，行星架的输出转速误差较大，轴承处的磨损相对也较为严重，因此在航天机构的使用中，为了提高精度，延长使用寿命，保证机构可靠性，应该在任务允许的情况下采用较低的输出转速。

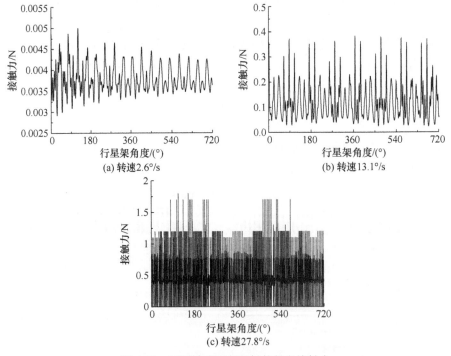

图 6-22　不同转速下行星架的径向接触力

对于行星齿轮而言，最关注的是转速对各个行星齿轮的啮合力和轴承径向力大小的影响。从前面的分析可知，行星齿轮与太阳轮之间的啮合力较大，容易引起齿面磨损，而行星齿轮轴承的径向接触力也有可能导致轴承磨损。如图 6-23 所示，行星齿轮轴承径向接触力也是转速较大时接触力较大，并且波动也较为剧烈。但是，比较相同输出转速下接触力的幅值，行星架轴承的磨损更严重。

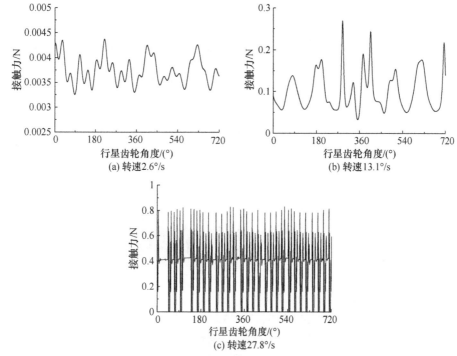

图 6-23　不同转速下行星齿轮的径向接触力

如图 6-24 所示，在输出转速为 2.6°/s 和 13.1°/s 时，行星齿轮与太阳轮之间的啮合力受到时变啮合刚度的影响，具有一定的周期性。在转速为 27.8°/s 时，轮齿啮合力波动非常剧烈且幅值较大，如果长期运行在高转速下，极有可能造成齿面磨损。

总之，在系统输出转速较高的情况下，行星齿轮的轴承径向力和轮齿啮合力都较大且波动剧烈，在长时间高速运行情况下，会造成轴承和齿面磨损，降低机构使用寿命。因此，为了保证行星齿轮传动系统在航天机构中长时间稳定运行，执行跟踪或长时间运行任务时，最好选择适当低的转速。

进一步研究转速对行星齿轮传动系统振动特性的影响，从前面的分析可知，行星齿轮传动系统中存在复杂的耦合振动关系，行星齿轮传动关节中的行星架与行星齿轮的振动存在耦合，行星齿轮自身的径向振动与扭转振动也存在耦合。这些耦合振动在一定条件下会引起谐振现象的发生。因此，在航天机构常用的转速范围内，分析转速变化对关节振动特性的影响规律。假设行星齿轮传动系统中行星架与行星齿轮的径向间隙与齿侧间隙都取 200μm，在无负载状态下，输出转速变化范围为 0~30°/s。

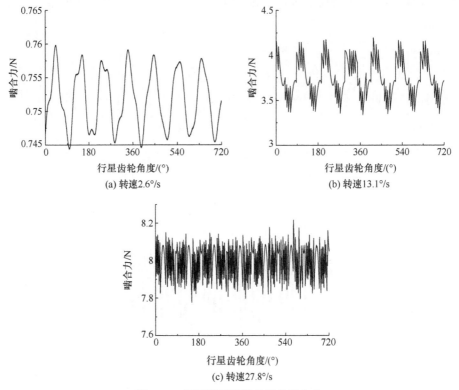

图 6-24　不同转速下行星齿轮啮合力

如图 6-25 所示，当驱动转速接近 22.5°/s 时，出现第一个共振峰值，而第二个共振峰值对应的转速为 29°/s。如图 6-26 所示，在驱动转速接近 10°/s 和 27.5°/s 时，出现两处共振峰值。

如图 6-27 所示，当行星齿轮传动关节的驱动转速接近 22.5°/s 和 29°/s 时，行星架和行星齿轮的径向振动的耦合效应导致系统发生谐振现象。

如图 6-28 所示，由于行星架与行星齿轮扭转振动之间的耦合关系，系统在转速为 10°/s 和 27.5°/s 附近出现谐振现象。在图 6-27 中，还存在一个共振峰值，即驱动转速接近 17.5°/s 时，而在图 6-28 的扭转振动幅频响应曲线中也发现相同转速附近出现共振峰值。由此可知，当行星齿轮传动关节的驱动转速接近 17.5°/s 时，由于行星齿轮的径向振动与扭转振动的耦合效应，系统也出现谐振现象。

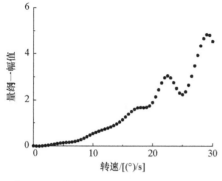

图 6-25　不同转速下行星架径向振动幅值　　　图 6-26　不同转速下行星架扭转振动幅值

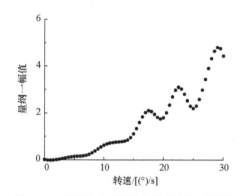
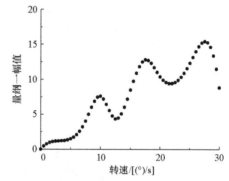

图 6-27　不同转速下行星齿轮径向振动幅值　图 6-28　不同转速下行星齿轮扭转振动幅值

　　总之，转速对行星齿轮传动系统振动特性的影响非常明显，在一些特定的转速下，行星架与行星齿轮的径向振动之间、扭转振动之间，以及行星齿轮自身的径向振动与扭转振动之间都会发生谐振。因此，在设计航天机构传动关节时，需要选择合理的转速，避免关节内部谐振现象发生。

6.4.2　间隙尺寸对系统动力学特性的影响规律

　　进一步分析间隙大小变化对多间隙耦合的行星齿轮传动系统的动力学特性影响规律。由于加工与装配误差的影响，行星齿轮中存在间隙、行星架与行星齿轮的轴承处存在轴承径向间隙、行星齿轮与太阳轮及内齿圈之间存在齿侧间隙。根据前面多间隙耦合效应的分析可将间隙大小的影响分为二类。第一类，行星架与行星齿轮的径向间隙大小变化的耦合影响。第二类，行星齿轮齿侧间隙大小变化的影响。第三类，行星齿轮径向间隙与齿侧间隙大小变化的耦合影响。首先，分析不同径向间隙大小下行星架与行星齿轮的动力学特性，输出转速取 13.1°/s，齿侧间隙大小取 10μm，行星架与行星齿轮的取值分为三组，即 c_c=200μm、

c_{cp}=200μm；c_c=200μm、c_{cp}=10μm；c_c=10μm、c_{cp}=200μm。

不同径向间隙下行星架径向接触力如图 6-29 所示。在低转速下,行星架的转轴与轴承处于连续接触状态,因此径向间隙越大,行星架的径向偏移越大。在行星架径向间隙一定的情况下,行星齿轮径向间隙较大时,径向接触力较大;在行星齿轮径向间隙一定的情况下,行星架径向间隙较大时,径向接触力较大。这说明,行星架与行星齿轮的径向间隙大小都会对行星架的径向接触力产生影响。

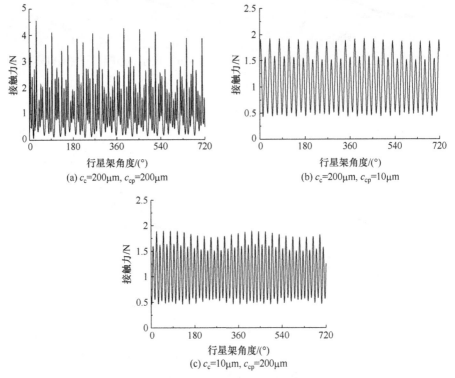

(a) c_c=200μm, c_{cp}=200μm

(b) c_c=200μm, c_{cp}=10μm

(c) c_c=10μm, c_{cp}=200μm

图 6-29　不同径向间隙下行星架径向接触力

从图 6-30 中也能看到与图 6-29 相同的现象。这主要是由于行星齿轮是安装在行星架上的,因此行星齿轮的径向振动与行星架的径向振动是相互耦合的。

进一步分析不同径向间隙组合下行星架与行星齿轮径向振动特性的影响规律,取行星架与行星齿轮的径向间隙变化范围为 10～200μm,可以得到不同径向间隙下的行星齿轮径向振动响应曲线,如图 6-31 所示。可以看出,一共出现 5 个主要共振峰值。其中 a 点共振峰值最大,此时 c_c=200μm、c_{cp}=200μm;b 点共振峰值在 c_c=100μm、c_{cp}=110μm 时出现的;c 点共振峰值在 c_c=200μm、c_{cp}=100μm 时出现;d 点共振峰值在 c_c=30μm、c_{cp}=30μm 时出现;e 点共振峰值在 c_c=160μm、c_{cp}=10μm 时出现。由此可知,径向间隙的大小对于径向耦合振动有明显影响,在特定的径向间隙组合下，系统会产生谐振现象。

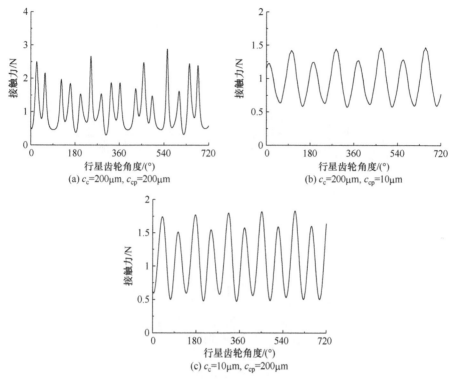

图 6-30　不同径向间隙下行星齿轮径向接触力

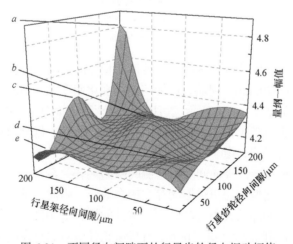

图 6-31　不同径向间隙下的行星齿轮径向振动幅值

　　然后，分析齿侧间隙对行星齿轮啮合力的影响。输出转速仍然取 13.1°/s，行星架与行星齿轮径向间隙大小都取 10μm，齿侧间隙的取值分为三组，即

$b_{sp}=b_{rp}=10\mu m$、 $b_{sp}=b_{rp}=100\mu m$、$b_{sp}=b_{rp}=200\mu m$。从图 6-32 可以看出,在径向间隙都非常小的情况下,由于转速较低,齿轮处于正常啮合状态,齿侧间隙对于齿轮啮合力变化的影响并不明显,图中曲线的波动主要是时变啮合刚度造成的。

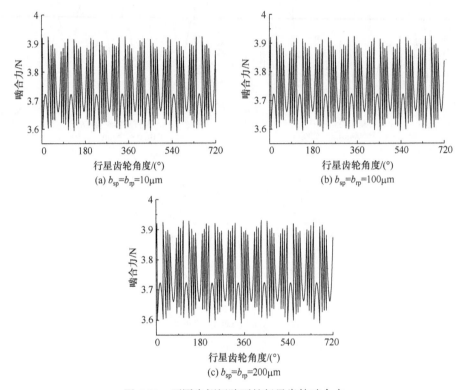

图 6-32　不同齿侧间隙下的行星齿轮啮合力

进一步分析齿侧间隙变化对齿轮扭转振动特性的影响。设齿侧间隙 $b_{sp}=b_{rp}$,且变化范围为 10~200μm,则随着齿侧间隙的变化而变化。不同齿侧间隙下的行星架扭转振动幅值如图 6-33 所示。可以看出,当齿侧间隙为 30μm、100μm 和180μm 时出现共振峰值,但是共振幅度不大。由此可知,齿侧间隙大小对于扭转振动特性有一定的影响,由于转速较低,影响并不十分显著。

由于动力学模型考虑径向间隙与齿侧间隙的耦合关系,在数值计算与实验中发现行星齿轮的径向振动与扭转振动存在耦合效应。因此,进一步分析行星齿轮的径向间隙与齿侧间隙的大小对其动力学特性的耦合影响规律。输出转速仍然取13.1°/s,行星架径向间隙大小取 10μm,行星齿轮径向间隙与齿侧间隙的取值分为三组,即 $c_{cp}=200\mu m$、$b_{sp}=b_{rp}=200\mu m$; $c_{cp}=200\mu m$、$b_{sp}=b_{rp}=10\mu m$; $c_{cp}=10\mu m$、$b_{sp}=b_{rp}=200\mu m$。

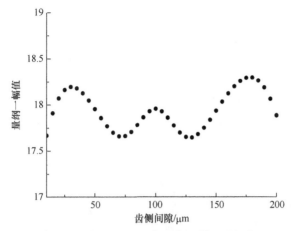

图 6-33　不同齿侧间隙下的行星架扭转振动幅值

如图 6-34 所示，当径向间隙一定时，由于低转速下的齿轮处于正常啮合状态，因此齿侧间隙对于行星齿轮轴承径向接触力影响不大，较小的齿侧间隙会使轴承径向接触力有所减小，但是并不十分明显。对比图 6-34(a)和图 6-34(c)可知，

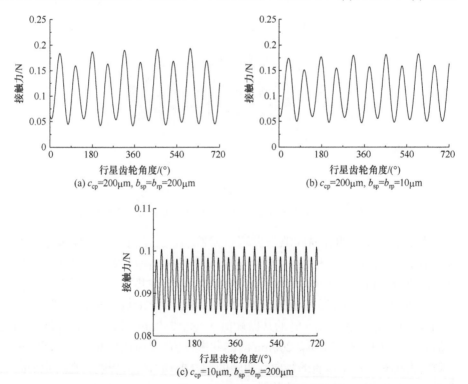

(a) $c_{cp}=200\mu m$, $b_{sp}=b_{rp}=200\mu m$

(b) $c_{cp}=200\mu m$, $b_{sp}=b_{rp}=10\mu m$

(c) $c_{cp}=10\mu m$, $b_{sp}=b_{rp}=200\mu m$

图 6-34　不同径向间隙与齿侧间隙下行星齿轮径向接触力

在齿侧间隙一定的情况下，径向间隙较小时轴承径向接触力幅值也较小，但振动频率升高，振动次数增加。这说明，在径向间隙为 10μm 时，行星齿轮的径向振动出现高次谐波，这与行星架与行星齿轮之间的径向耦合振动有关。

同理，如图 6-35 所示，行星齿轮啮合力的变化趋势受到径向接触力变化的影响，进一步验证了行星齿轮径向间隙与齿侧间隙的耦合关系。同时，由于时变啮合刚度的影响，行星齿轮啮合力的变化更为复杂。

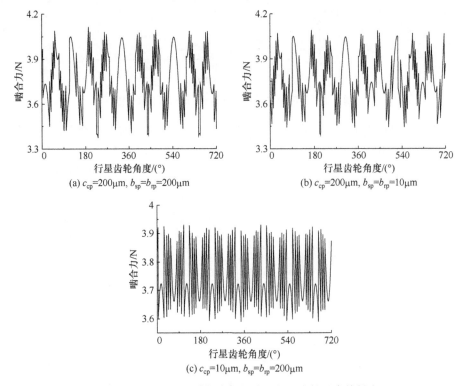

图 6-35　不同径向间隙与齿侧间隙下行星齿轮啮合接触力

为了进一步说明径向间隙与齿侧间隙的耦合关系对行星齿轮振动特性的影响，对不同径向间隙与齿侧间隙大小的行星齿轮径向振动固有频率 f_r 的幅值的变化规律进行分析。如图 6-36 所示，图中共振峰值一共有 5 处，即 $c_{cp}=40$μm、$b_{sp}=b_{rp}=40$μm 时的共振峰值 a；$c_{cp}=0$μm、$b_{sp}=b_{rp}=200$μm 时的共振峰值 b；$c_{cp}=110$μm、$b_{sp}=b_{rp}=160$μm 时的共振峰值 c；$c_{cp}=200$μm，$b_{sp}=b_{rp}=100$μm 时的共振峰值 d；$c_{cp}=200$μm，$b_{sp}=b_{rp}=200$μm 时的共振峰值 e。由此可知，径向间隙与齿侧间隙的大小对于行星齿轮的径向与扭转的耦合振动有显著影响，在特定的间隙组合下，会产生相对幅度较大的共振。

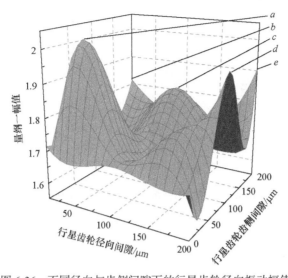

图 6-36　不同径向与齿侧间隙下的行星齿轮径向振动幅值

6.5　惯性负载对系统动力学特性的影响规律

行星齿轮传动系统在运动过程中有时要承受一定的惯性负载，而惯性负载的变化会对系统的动力学特性会产生一定的影响。本节重点分析不同惯性负载对行星齿轮传动关节动力学特性的影响规律，取惯性负载为 $25\text{kg} \cdot \text{m}^2$、$75\text{kg} \cdot \text{m}^2$ 和 $100\text{kg} \cdot \text{m}^2$，输出转速为 $13.1°/\text{s}$，径向间隙与齿侧间隙都为 $200\mu\text{m}$。

如图 6-37 所示，行星架的转速误差随着惯性负载的增大而增加，但是增加并不十分明显。图 6-37(c)中的负载是图 6-37(a)中负载的 4 倍，而转速误差仅增大约 25%。

如图 6-38 所示，惯性负载增大，行星架的轴承径向接触力明显升高。由于径向接触力一直大于 0，在有惯性负载的情况下行星架的轴与轴套一直处于连续接触状态，同时由于惯性负载的增大，在相同转速下，轴与轴套直接的嵌入量增加，接触力增大。

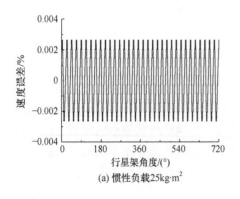

(a) 惯性负载25kg·m²

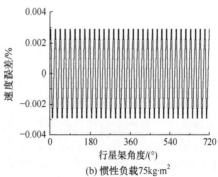

(b) 惯性负载75kg·m²

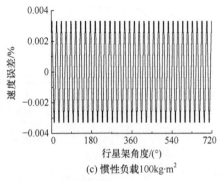

(c) 惯性负载100kg·m²

图 6-37　不同惯性负载下行星架的转速误差

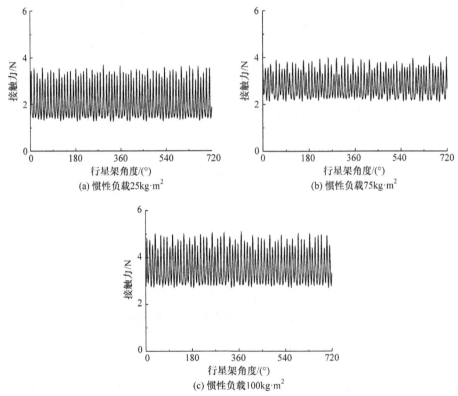

(a) 惯性负载25kg·m²　　(b) 惯性负载75kg·m²

(c) 惯性负载100kg·m²

图 6-38　不同惯性负载下行星架的轴承径向接触力

如图 6-39 所示，随着惯性负载的增大，行星齿轮的轴承径向接触力峰值先减小后增大。这一现象主要与行星齿轮传动系统的结构有关，在 2K-H 型行星齿轮传动系统中，有四个行星齿轮周向均匀分布，当惯性负载较小的时候，由于行星架与行星齿轮的径向间隙的存在，四个行星齿轮的载荷分布不均匀，因此在运动过程中峰值较高。随着惯性负载的增大，行星架的径向载荷增大，四个行星齿轮共同分担径向载荷，使每个行星齿轮上的径向载荷峰值有一定的减小。随着惯性负载的继续增大，径向载荷也不断增大，行星齿轮上的径向负载峰值也随之逐渐升高，但是由于惯性负载差别不大，因此径向接触力增大也不十分明显。

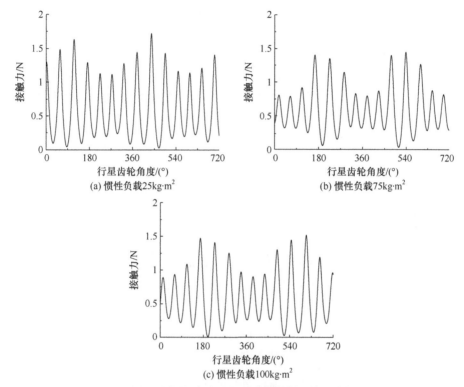

图 6-39　不同惯性负载下行星齿轮的轴承径向接触力

对比图 6-40(a)和图 6-40(b)可知，当惯性负载较大时，行星齿轮受到的动态啮合力减小。这与行星齿轮的径向接触力的变化规律有关。在前面的分析中，当惯性负载为 75kg·m² 时，行星齿轮的径向接触力要小于惯性负载为 25kg·m² 的情况。由于径向间隙与齿侧间隙的耦合关系，行星齿轮受到的动态啮合力也随之减小。图 6-40(b)与图 6-40(c)的变化趋势也与行星齿轮径向接触力变化趋势一致。因此，惯性负载的变化并不直接影响齿轮的动态啮合力，而是通过改变轴承径向接触力来间接影响齿轮啮合力。

进一步研究惯性负载对系统振动特性的影响规律，取惯性负载的变化范围为 0～100kg·m²，输出转速取 13.1°/s，行星齿轮传动系统内部的径向间隙与齿侧间隙都为 200μm。图 6-41 为不同惯性负载下，行星架径向振动固有频率 f_r 的幅值变化规律。可以看出，由于惯性负载是直接作用在行星架上的，因此随着惯性负载的增加，行星架的径向振动幅值升高，径向振动更加剧烈。这一现象是惯性负载增加导致的，只能通过降低惯性负载来缓解行星架的径向振动。

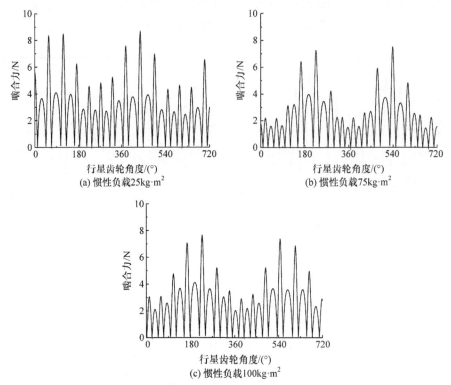

图 6-40　不同惯性负载下行星齿轮的动态啮合力

对于行星齿轮的径向振动随惯性负载的变化规律，从图 6-42 中可以看出，随着惯性负载的增加，行星齿轮的径向振动幅值反而降低，而后又有所升高。分析其原因可知，在没有惯性负载的情况下，行星架在径向方向上处于自由振动状态，而四个安装在行星架上的行星齿轮也会随着行星架的振动而振动。当存在惯性负载时，行星齿轮传动关节在径向方向上受到惯性力的作用，但在行星架周向均匀布置的四个行星齿轮会动态平衡分布各个齿轮上的径向力，使每个行星齿轮的径向力变化都非常稳定，进而导致行星齿轮径向振动减弱。随着惯性负载的继续升高，径向接触力增大，径向嵌入量增大，振动幅值也随之增加。

图 6-43 所示为不同惯性负载下行星架的扭转振动幅值，通过对行星架的扭转运动进行频谱分析，获取不同惯性负载下的扭转振动幅值而绘制出的。可以看到，行星架的扭转振动随着惯性负载的增加有所减弱。

图 6-44 为不同惯性负载下行星齿轮的扭转振动幅值，通过对行星齿轮的扭转运动进行频谱分析，获取不同惯性负载下的扭转振动幅值而绘制出的。可以看到，行星齿轮的扭转振动也随着惯性负载的增加有所减弱。分析其原因有两点，一是

惯性负载的增大，使齿轮啮合力增大，脱齿和齿背冲击现象较少；二是行星齿轮径向振动减弱，动态齿侧间隙变化也随之减弱，使齿轮的啮合过程更为稳定。

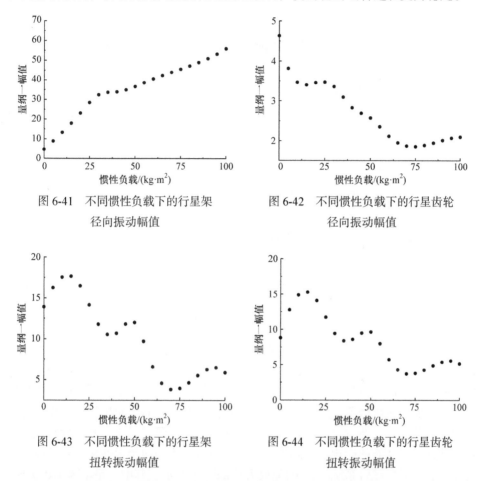

图 6-41　不同惯性负载下的行星架　　　　　　　图 6-42　不同惯性负载下的行星齿轮
　　　　　径向振动幅值　　　　　　　　　　　　　　　　径向振动幅值

图 6-43　不同惯性负载下的行星架　　　　　　　图 6-44　不同惯性负载下的行星齿轮
　　　　　扭转振动幅值　　　　　　　　　　　　　　　　扭转振动幅值

　　综上所述，由于行星齿轮的特殊结构，系统在承受大负载时，振动幅度在一定程度上有所减弱。行星齿轮传动系统在承受一定惯性负载的情况下，会在一定程度上减弱间隙对系统动态特性的影响，从而保证系统的稳定性。

第 7 章 含间隙航天机构动力学工程应用实例

本章在含转动副径向间隙和齿轮副齿侧间隙动力学理论与实验研究的基础上,进一步将上述理论研究成果应用于航天领域,以高精度、高可靠航天机构为对象,对航天机构中存在的多间隙耦合问题进行研究,进而为航天机构的优化设计、控制与可靠性分析提供理论指导。本章主要对两种典型航天机构动力学特性进行应用研究,即含转动副径向间隙的航天器机械臂动力学研究;含径向间隙和齿侧间隙的星间链路驱动机构动力学研究。

7.1 含转动副间隙航天器机械臂动力学研究

空间机械臂在航天领域的应用越来越广泛,主要用来完成某些特殊的任务,如模块单元的更换、补充燃料及在轨维修等,进而增加航天器的在轨寿命。例如,在轨空间站需要空间机械臂来协助宇航员完成大型空间结构的搬运和组装,完成航天飞机与空间站的对接和分离等操作,因此研制空间机械臂对空间应用有重要的意义。空间机械臂由多个臂杆组成,臂杆之间通过铰链连接,铰间间隙不可避免。在机械臂运行过程中,间隙的存在会导致机械臂剧烈振动,严重影响机械臂的动态性能,使机械臂工作精度和运动平稳性降低,进而引起机械臂工作任务的失败。本节以航天器上含旋转铰间隙的平面机械臂为研究对象,研究旋转铰间隙对机械臂动态性能的影响。空间机械臂系统由星本体和两个柔性机械臂组成。含间隙的航天器机械臂系统(关节间隙放大)如图 7-1 所示。其中,星本体考虑为刚体,机械臂考虑为柔性体,机械臂 1 与星本体连接铰为理想铰,即不考虑关节铰链间隙;机械臂 2 与机械臂 1 的连接铰链为间隙铰,即存在间隙。

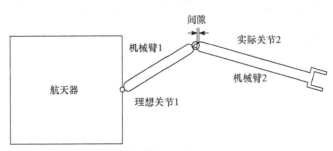

图 7-1 含间隙的航天器机械臂系统(关节间隙放大)

航天器机械臂系统的质量和惯性特性如表 7-1 所示。系统的动力学仿真参数如表 7-2 所示。

表 7-1　质量和惯性特性

参数	杆 1	杆 2	星主体
长度/m	1.0	1.6	—
质量/kg	2.513	4.021	1200
密度/(kg·m²)	0.210	0.859	200

表 7-2　系统的动力学仿真参数

参数	值
T1 驱动扭矩/(N·m)	$1.2 \times \sin(2\pi t)$
T2 驱动扭矩/(N·m)	$0.5 \times \sin(2\pi t)$
动摩擦系数	0.1
恢复系数	0.9

7.1.1　含间隙机械臂动力学模型

1. 间隙的定义

航天器空间机械臂关节运动副为旋转铰。图 7-2(a)给出了含间隙的旋转铰示意图。径向间隙由轴颈和轴套的半径之差定义，即

$$c = R_B - R_J \tag{7-1}$$

含间隙旋转限制销轴(轴颈)在轴承(轴套)内运动，与理想的旋转铰不同，含间隙旋转铰的动力学特性由轴颈和轴承之间的接触碰撞力控制。铰间间隙会引起相连两体的内碰撞。内碰撞具有两个特征。由于间隙的存在，系统成为拓扑结构可变的系统。铰链包含间隙，使体与体之间的连接产生松动。这时，两体之间在间隙的方向失去铰间约束，进入自由运动状态。但这个状态不是永远存在的，一旦两体的相对位移超过间隙，就会进入接触状态。因此，间隙包含碰撞和接触过程。含间隙旋转铰轴颈的运动模式如图 7-2(b)所示。

2. 接触力模型

接触碰撞是含间隙机构的典型特征。这里考虑旋转间隙铰链干接触，不考虑润滑，采用非线性接触力混合模型建立间隙铰链的接触碰撞。该模型是 Lankarani-Nikravesh 碰撞力模型与基于改进弹性基础接触模型的混合模型，引入了非线性刚

度系数和改进的阻尼系数，具有更广的适用范围和更高的精度。

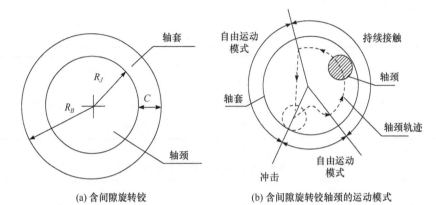

(a) 含间隙旋转铰　　　　　　　　(b) 含间隙旋转铰轴颈的运动模式

图 7-2　含间隙旋转铰

旋转铰间隙接触碰撞力混合模型的表达式为

$$F_{n\mathrm{mod}} = K_n \delta^n + D_{\mathrm{mod}} \dot{\delta} \tag{7-2}$$

其中，等号右边第一项代表碰撞过程的弹性变形力，第二项为碰撞过程中的阻尼力项，描述碰撞过程中的能量损失行为；δ 为弹性变形大小；$\dot{\delta}$ 为弹性变形速度；K_n 为非线性刚度系数；D_{mod} 为改进阻尼系数。

$$K_n = \frac{1}{8}\pi E^* \sqrt{\frac{2\delta[3(R_B - R_J) + 2\delta]^2}{(R_B - R_J + \delta)^3}} \tag{7-3}$$

$$D_{\mathrm{mod}} = \frac{3K_n(1 - c_e^2)\mathrm{e}^{2(1-c_e)}\delta^n}{4\dot{\delta}^{(-)}} \tag{7-4}$$

3. 带间隙旋转关节的摩擦力模型

我们采用修正的库伦摩擦模型建立含间隙旋转铰的摩擦力模型。由于模型采用动态摩擦系数，因此摩擦系数不是常数，而是与切向滑动速度有关，是切向滑动速度的函数。该模型在相对低速情况下更为精确，可以避免速度方向变化时摩擦的突变。修正的库伦摩擦力模型为

$$\boldsymbol{F}_t = -\mu(\boldsymbol{v}_t)F_n \frac{\boldsymbol{v}_t}{|\boldsymbol{v}_t|} \tag{7-5}$$

其中，摩擦系数 $\mu(\boldsymbol{v}_t)$ 可由式(7-6)计算，即

$$\mu(v_t) = \begin{cases} -\mu_d \text{sign}(v_t), & |v_t| > v_d \\ -\left\{\mu_d + (\mu_s - \mu_d)\left(\dfrac{|v_t| - v_d}{v_s - v_d}\right)^2\left[3 - 2\left(\dfrac{|v_t| - v_d}{v_s - v_d}\right)\right]\right\}\text{sign}(v_t), & v_s \leqslant |v_t| \leqslant v_d \\ \mu_s - 2\mu_s\left(\dfrac{v_t + v_s}{2v_s}\right)^2\left(3 - \dfrac{v_t + v_s}{v_s}\right), & |v_t| < v_s \end{cases}$$

$$(7\text{-}6)$$

其中，v_t 为轴与轴承在碰撞点的相对滑动速度，即切向的速度分量；μ_d 为滑动摩擦系数；μ_s 为静摩擦系数；v_s 为静摩擦临界速度；v_d 为最大动摩擦临界速度。

7.1.2　仿真结果分析

　　首先，对考虑无间隙理想铰链和有间隙非理想铰链两种工况进行动力学仿真，研究铰链间隙对机械臂动力学特性的影响。设间隙尺寸为 0.4 mm，仿真算例将理想无间隙系统的动力学仿真结果与实际含间隙系统的动力学仿真结果进行了比较。图 7-3～图 7-5 所示为机械臂系统 2 臂的角位移、角速度和角加速度变化规律。

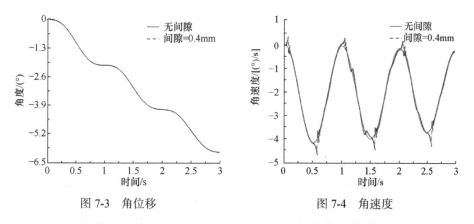

图 7-3　角位移　　　　　　　　　　　图 7-4　角速度

　　如图 7-3 所示，考虑理想铰链和间隙铰链时，机械臂的角位移曲线几乎重合，间隙对机械臂角位移的影响很小。如图 7-4 所示，机械臂的角速度曲线出现抖动峰值，间隙对机械臂系统的运动速度有明显的影响。图 7-5 表明，间隙产生机械臂的高频抖动，抖动峰值很大，导致机械臂系统的性能和运动稳定性下降。如图 7-6 所示，与理想铰链约束力比较可知，间隙导致脉冲式的接触碰撞力，出现很大的抖动峰值，进而引起机械臂系统加速度的抖动，影响空间机械臂系统的性能和运动稳定性。因此，铰链间隙对机械臂系统的影响不容忽视。

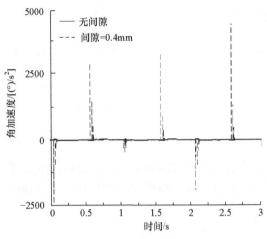

图 7-5　角加速度

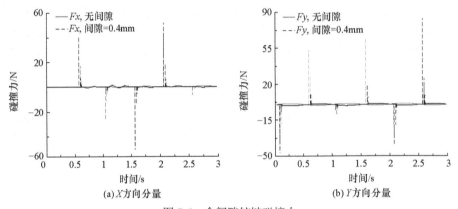

图 7-6　含间隙铰链碰撞力

　　间隙尺寸是影响机器臂系统动态性能的重要参数之一。进一步,详细研究间隙大小对机械臂系统动力学响应的影响,主要考虑四种不同间隙尺寸,即 0.05mm、0.1mm、0.2mm 和 0.4mm。不同间隙尺寸的轴颈中心轨迹如图 7-7 所示。

　　在仿真中,初始时刻轴颈中心与轴承中心重合。由图 7-7 可以清楚地观察到轴颈和轴承之间的不同运动类型。在机械臂运动初期,轴颈自由移动,当轴颈移动到轴承边界时,轴颈与轴承发生接触和碰撞。结果表明,由于间隙关节的接触碰撞,间隙的机械臂运动过程具有自由运动、碰撞冲击和持续接触三种模式。然而,在不同的间隙尺寸下,轴颈运动轨迹明显不同。

　　如图 7-8 和图 7-9 所示,在不同间隙尺寸下,机械臂的动态响应有明显的变化。间隙越大,机械臂的角速度和角加速度抖动越明显,抖动幅值也越大。间隙的存在导致脉冲式的间隙碰撞力,并且间隙越大,铰间间隙碰撞力越大。进一步分析可知，间隙对加速度、速度与位移的影响程度不同，加速度对间隙最为敏感，因此间隙对加速度影响最大，加速度振荡最剧烈；位移对间隙最不敏感，因此间隙对位移的影响最小，位移曲线光滑。此外，图7-10中机械臂末端的移动加速度结果同样表明，间隙尺寸越大，机械臂末端振动越明显，峰值越高。

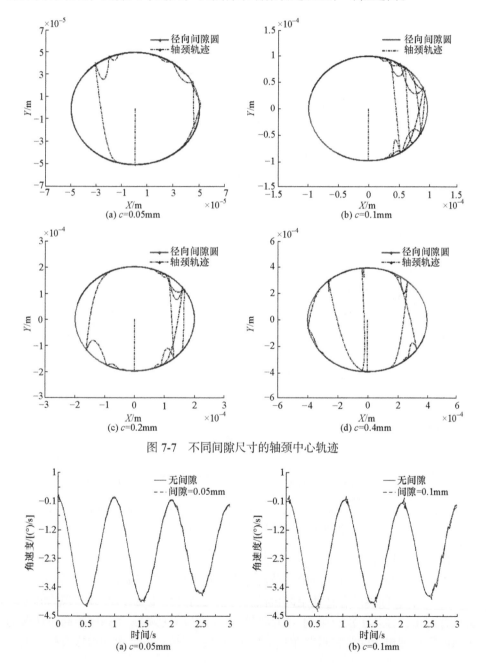

图 7-7　不同间隙尺寸的轴颈中心轨迹

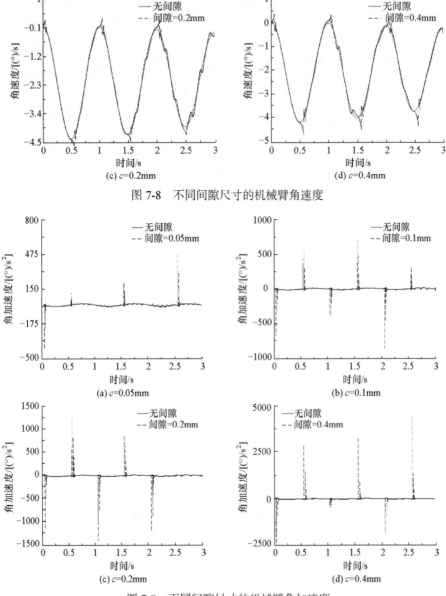

图 7-8　不同间隙尺寸的机械臂角速度

图 7-9　不同间隙尺寸的机械臂角加速度

由以上分析可知。

① 关节铰间隙的存在导致关节碰撞力高频振荡，并且碰撞力幅值增大。

② 关节铰间隙的存在使空间机械臂的动态特性发生变化,具体表现为间隙对机械臂的角位移几乎没有影响；对机械臂的角速度有影响，考虑间隙时机械臂的角速度围绕理想无间隙机械臂角速度出现抖动；对机械臂的角加速度有较大的影

响，角加速度出现明显的抖动，并且幅值比不考虑间隙时增大；角速度和角加速度对间隙比较敏感。

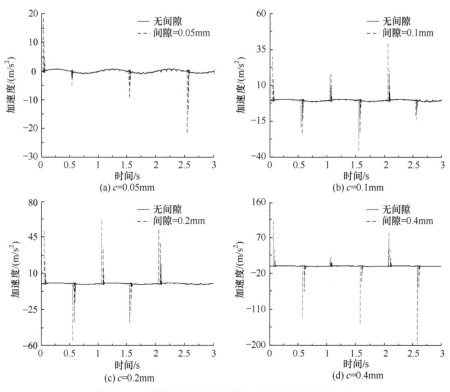

图 7-10　不同间隙尺寸机械臂 Y 方向的平移加速度

③ 关节铰间隙越大，机械臂角速度振荡越明显且幅值越大，角加速度振荡越剧烈且振荡幅值越大，关节铰间隙碰撞力也越大。

7.2　星间链路双轴驱动机构动力学研究

随着卫星导航技术的迅速发展，各种大型通信卫星得以成功应用，主要航天大国已研究开发了具有多种功率容量、多种驱动形式和不同运动能力的驱动机构和控制技术体系。天线驱动定位机构主要实现星载天线的精确定位，获得精确的空间位置，而且可以提供星载天线的位置信号。除此之外，双轴定位机构可以对天线结构进行支撑。星载天线驱动定位机构的一个重要问题就是天线的指向精度问题。由于装配、制造误差，以及磨损，驱动定位机构运动副中的间隙是不可避免的，会影响星载天线的指向精度。

7.2.1　双轴驱动机构工作原理及结构简介

　　行星齿轮传动系统作为航天机构中最为常用的传动装置之一，在卫星天线驱动定位机构中有广泛的应用。为了满足任务要求，一般采用多关节组合卫星天线驱动机构，实现机构多自由度的运动。本节以星间链路中使用的卫星天线双轴驱动机构为具体研究对象，避免以往研究中对驱动关节的简化，以行星齿轮传动系统作为驱动关节，建立考虑驱动关节复杂结构和多间隙耦合关系的双轴驱动机构动力学模型，并以该模型为基础，分析方位轴和俯仰轴关节对系统动力学特性的影响规律，以及双轴同时运动对系统动态响应的影响，为长寿命、高可靠性的双轴驱动机构，甚至其他航天机构的优化设计和可靠性分析提供基础。

　　空间飞行器驱动与伺服机构是使某一部件或次结构实现预定的运动功能的主要机构。它既可以作为动力元件服务于展开锁定机构，又可以自成体系构成空间飞行器机构的一个大类。其最初阶段是进行任务分析，通过对任务目标、约束条件、技术指标等问题的反复分析与评估，形成主要技术要求，并由此开始具体的设计工作。

7.2.2　双轴驱动机构动力学建模

　　星间链路使用的卫星天线双轴驱动机构为典型的多关节航天机构。该机构具有两个旋转轴，即方位轴和俯仰轴。两轴的轴线相互垂直，具体结构如图 7-11 所示。

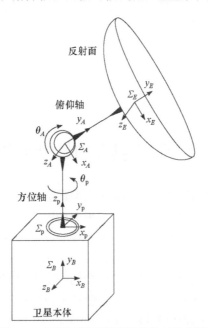

图 7-11　卫星天线双轴驱动机构结构简图

考虑径向间隙对双轴驱动机构的影响，现有的双轴驱动机构研究主要是将驱动机构的方位轴和俯仰轴关节分别转化为两个平面旋转铰。在动力学建模上，一般根据拉格朗日乘子法，建立双轴驱动机构的动力学方程，即

$$\begin{cases} M\ddot{q} + C\dot{q} + Kq + \boldsymbol{\Phi}_q^{\mathrm{T}}\lambda = F \\ \boldsymbol{\Phi}(q,t) = 0 \end{cases} \tag{7-7}$$

其中，q 为广义坐标列阵；M 为齿轮转子系统的广义质量阵；C 为阻尼阵；K 为广义刚度矩阵；$\boldsymbol{\Phi}_q$ 为约束方程的雅克比矩阵；λ 为朗格朗日乘子矩阵；F 为系统受到的广义外力矩阵。

以多间隙耦合的行星齿轮动力学模型为基础，将行星齿轮动力学模型加入双轴驱动机构系统动力学模型中，使系统动力学模型能够考虑关节内部的复杂结构及多间隙耦合的影响。在建立多间隙耦合的双轴驱动机构动力学模型时，利用间隙处的力约束代替几何约束，以处理含间隙系统的变拓扑结构的问题。同时，在多体系统中考虑行星齿轮传动关节的内部结构，将式(7-7)转化为

$$M_{\mathrm{p}}\ddot{q}_{\mathrm{p}} = Q_F + Q_V + Q_C \tag{7-8}$$

其中，M_{p} 为双轴驱动机构中所有体(包括行星齿轮传动关节内部结构)的广义质量阵；q_{p} 为广义坐标列阵；Q_F 为广义外力矩阵；Q_V 为与速度相关的二次项；Q_C 为系统在间隙处的内力矩阵。

将式(7-8)展开可得

$$\begin{bmatrix} m_{RR} & m_{R\theta} \\ m_{R\theta} & m_{\theta\theta} \end{bmatrix} \cdot \begin{bmatrix} \ddot{R} \\ \ddot{P} \end{bmatrix} = \begin{bmatrix} Q_{FR} \\ Q_{F\theta} \end{bmatrix} + \begin{bmatrix} Q_{VR} \\ Q_{V\theta} \end{bmatrix}$$
$$+ \begin{bmatrix} \sum_{j=1}^{2}\left(\sum_{i=1}^{n_p} Q_{CR}(T_{\mathrm{sp}ij}) + \sum_{i=1}^{n_p} Q_{CR}(T_{\mathrm{rp}ij}) + \sum_{i=1}^{n_p} Q_{CR}(F_{\mathrm{Rp}ij}) + Q_{CR}(F_{\mathrm{Rc}j}) \right) \\ \sum_{j=1}^{2}\left(\sum_{i=1}^{n_p} Q_{C\theta}(T_{\mathrm{sp}ij}) + \sum_{i=1}^{n_p} Q_{C\theta}(T_{\mathrm{rp}ij}) + \sum_{i=1}^{n_p} Q_{C\theta}(F_{\mathrm{Rp}ij}) + Q_{C\theta}(F_{\mathrm{Rc}j}) \right) \end{bmatrix} \tag{7-9}$$

其中，m_{RR} 为系统广义质量阵中所有体的平动部分质量阵；$m_{R\theta}$ 表示所有体移动和转动的惯性耦合；$m_{\theta\theta}$ 为所有体转动部分的惯性张量；R 为所有体在惯性坐标系下的位置向量；P 表示所有体在惯性坐标系下的姿态四元数；Q_{FR} 和 $Q_{F\theta}$ 为平动和转动对应的外力的广义力；Q_{VR} 和 $Q_{V\theta}$ 为平动和转动对应的与速度有关的二次项。

该模型最大的特点是在系统动力学方程的内力矩阵 Q_C 中考虑方位轴和俯仰轴关节的间隙碰撞力。其中，用 j 表示双轴的关节(1 为方位轴关节，2 为俯仰

轴关节)，i 表示关节内的行星齿轮，共 n_p 个(n_p=4)，而 $\boldsymbol{Q}_{CR}(T_{spij})$、$\boldsymbol{Q}_{CR}(T_{rpij})$、$\boldsymbol{Q}_{CR}(F_{Rpij})$ 和 $\boldsymbol{Q}_{CR}(F_{Rcj})$ 为对应的各关节内力在平动方向上的广义力矩阵，$\boldsymbol{Q}_{C\theta}(T_{spij})$、$\boldsymbol{Q}_{C\theta}(T_{rpij})$、$\boldsymbol{Q}_{C\theta}(F_{Rpij})$ 和 $\boldsymbol{Q}_{C\theta}(F_{Rcj})$ 为对应的各关节内力在转动方向上的广义力矩阵。

因此，通过将关节的内部几何约束转化为关节内力约束，使双轴驱动机构系统动力学模型能够将方位轴和俯仰轴关节考虑为多间隙耦合的行星齿轮传动关节，进而将本书提出的多间隙耦合齿轮机构动力学模型应用到具体的航天机构中。由此可知，多间隙耦合会对齿轮机构产生显著影响，利用本章建立的模型，进一步分析多间隙耦合效应对卫星天线双轴驱动机构的影响规律。

7.2.3　多间隙对驱动机构系统动力学特征的影响

在卫星天线的双轴驱动机构中，由于间隙的存在，方位轴与俯仰轴的运动都会对系统执行末端的运动精度和运行稳定性产生显著影响。在双轴驱动机构的工作过程中，还可能出现双轴同时转动的情况。针对不同转速下双轴同时转动的情况，分析含间隙双轴驱动机构的方位轴、俯仰轴，以及天线执行末端的动态响应可以为双轴驱动机构的使用，以及可靠性分析提供指导。

由于双轴驱动机构中不存在双轴同时转动而转速差别很大的情况，因此可以认为双轴同时转动时，方位轴和俯仰轴的转速相同。同样，选取三种典型关节的输出转速，即 0.49°/s、0.98°/s、1.96°/s。令关节内部的径向间隙与齿侧间隙都为100μm，分析方位轴关节、俯仰轴关节和天线执行末端的动态响应。首先，给出方位轴关节在双轴同时转动情况下的动力学特性分析结果，如图 7-12 和图 7-13 所示。

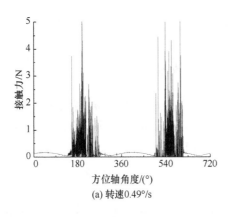
(a) 转速0.49°/s

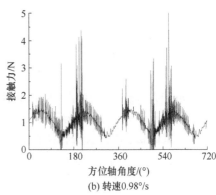
(b) 转速0.98°/s

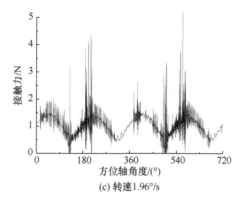

(c) 转速1.96°/s

图 7-12　不同转速下方位轴的轴承径向接触力

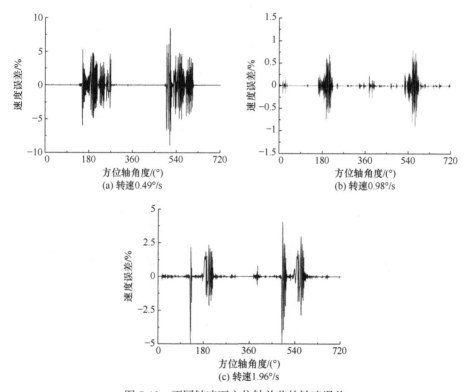

图 7-13　不同转速下方位轴关节的转速误差

由于采用双轴同时转动且转速相同，因此图 7-12 中横坐标利用方位轴转角表示，纵坐标为方位轴输出端轴承的径向接触力。可以看出，当转速为 0.49°/s 时，接触力出现较大幅度的波动，说明在转速较低的情况下，方位轴输出端的轴与轴套之间并没有完全处于连续接触状态，会出现分离、碰撞现象，导致径向接触力出现剧烈波动。可以看出，当转速提高时，方位轴输出端的轴与轴套开始处于连续接触状态，接触力的变化较为平稳，同时随着转速的提高，接触力逐渐增大。因此，综合考虑三种转速下的接触力变化，转速在 0.98°/s 时，接触力变化更为平稳，接触力也较小，有利于保证方位轴关节的可靠性，延长使用寿命。

图 7-13 为双轴转动的情况下，不同转速下方位轴关节的转速误差。图中，横坐标同样利用方位轴转角表示，纵坐标为方位轴实际输出转速与理想转速之间的偏差。结合前面方位轴单轴转动的转速误差分析可知，在双轴同时以 0.49°/s 的转速转动时，由于轴承径向间隙处产生径向跳动，动态齿侧间隙增大，进而方位轴输出转速误差较大。随着转速的提高，转速误差随之减低。对比图 7-13(b) 和图 7-13(c) 可知，在转速为 0.98°/s 时转速误差明显小于转速为 1.96°/s 的情况，说明在转速为 1.96°/s 时，方位轴和俯仰轴之间出现耦合振动，导致转速误差增大，运动精度下降。因此，对于保证方位轴关节的运动精度而言，转速为 0.98°/s 是最合理的。

图 7-14 为双轴转动的情况下，不同转速下俯仰轴行星架的径向接触力。与方位轴的径向接触力的变化趋势较为相似，在转速为 0.98°/s 时，俯仰轴的径向接触力变化较为平稳，数值也较小。与图 7-13 比较可知，在双轴同时转动时，虽然方位轴和俯仰轴的结构完全相同，但由于在系统中所处的位置差别，俯仰轴的径向

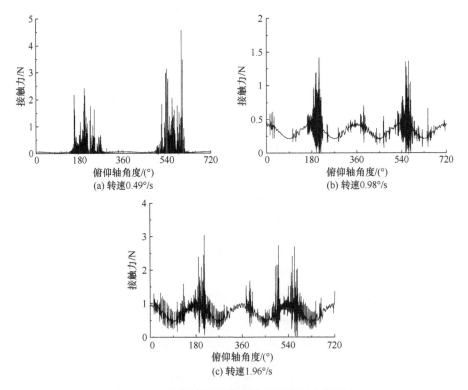

图 7-14　不同转速下俯仰轴行星架的径向接触力

接触力相对较小。由此来看，在双轴驱动机构在轨长期运行的情况下，方位轴要比俯仰轴更早地出现磨损或疲劳损坏。因此，为了提高卫星天线系统的整体使用寿命，在满足任务要求的前提下，可以尽量多地使用俯仰轴，而减少方位轴的使用。

图 7-15 为双轴转动的情况下，俯仰轴的转速误差。从转速误差的变化趋势来看，与图 7-13 中方位轴的转速误差变化趋势相同，即在双轴转速为 0.49°/s 和 1.96°/s 时，方位轴的输出转速误差相对较大，而转速为 0.98°/s 时，转速误差相对较小。同时，在双轴以 0.98°/s 的转速同时转动时，俯仰轴的转速误差要大于方位轴。由此可知，由于俯仰轴的转速误差较大，会直接影响卫星天线执行末端的运动精度。

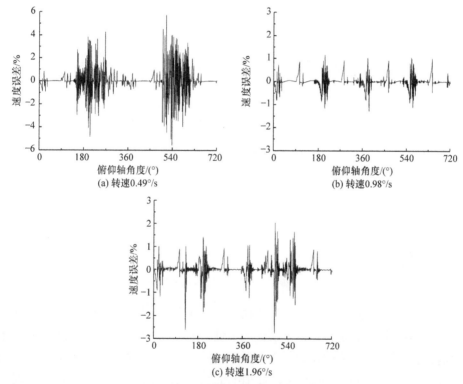

图 7-15　不同转速下俯仰轴的转速误差

因此，进一步给出卫星天线执行末端的运动精度，分析其运动误差变化规律，图 7-16 为三种典型转速下，卫星天线执行末端在全局坐标系中 X、Y 和 Z 三个方向上的位置偏差。由于方位轴和俯仰轴的布局影响，在 X 方向上方位轴和俯仰轴的径向跳动有时会产生叠加，这就导致执行末端在 X 方向上的位移偏差较大，而在 Y 和 Z 方向上的位置偏差基本相同。可以看出，由于转速较低的情况下，方位轴和俯仰轴的关节出现较大幅度的径向跳动，直接导致执行末端的位置偏差在运动过程中也出现较大波动。对比图 7-16(a)和图 7-16(b)可知，在转速为 0.98°/s 时，三个方向上的位置误差相对较小。因此，在对执行末端位置精度要求较高的情况下，可以选取 0.98°/s 的转速，以尽量减小间隙对运动精度造成的影响。

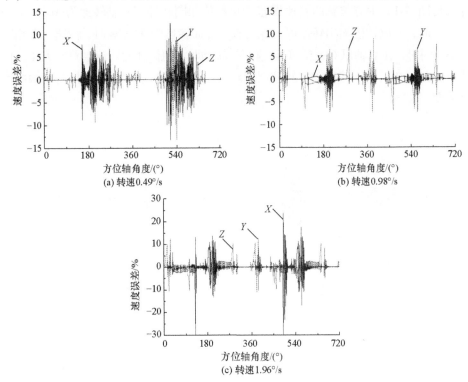

图 7-16 不同转速下卫星天线执行末端转速误差

图 7-17 为三种典型转速下，天线执行末端在全局坐标系三个轴向上的转速误差。由于双轴同时转动，执行末端在三个轴向上都出现较大的转速误差。相对于单轴转动，转速误差有明显的增大，说明双轴转动对于系统的运行稳定性有极为不利的影响。对比图 7-17(a)、图 7-17(b)和图 7-17(c)可知，在转速为 0.98°/s 时，三个轴向上的转速误差都相对较小，系统运动稳定性较好。在转速为 0.49°/s 时，执行末端的转速误差并没有因为转速较低而减小，在转速为 1.96°/s 时，还出现较大幅度的波动。因此，为了保证系统的运行稳定性，选择关节输出转速为 0.98°/s 可以最大限度地降低双轴转动产生的不利影响。

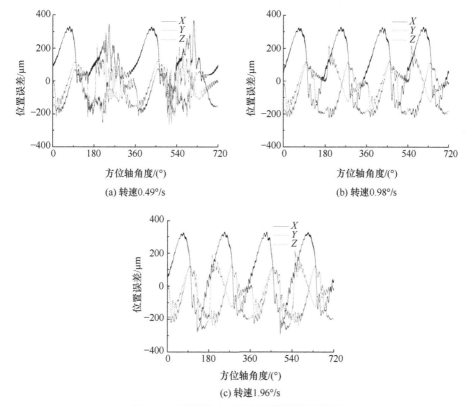

图 7-17　不同转速下执行末端的位置误差

　　针对具体航天机构，我们将其应用到了卫星天线双轴驱动机构上。在双轴驱动机构的研究中详细考虑关节内部的结构和多间隙因素，并详细分析多间隙耦合效应对双轴驱动机构，以及卫星天线系统的运动精度和运行稳定性的影响规律。

　　① 通过转速大小对双轴驱动机构，以及卫星天线系统的影响研究发现，在单轴转动过程中，为了提高卫星天线的指向精度，俯仰轴转动时应选取较低的转速，而方位轴转动时可以适当提高转速。在双轴转动时，转速为 0.98°/s 时，系统的运动精度和运行稳定性最好。

　　② 从可靠性的角度考虑，方位轴转动时关节受力较大，更容易引起磨损和疲劳。因此，双轴驱动机构在轨工作时，在满足任务要求的情况下，可以尽量减少方位轴的使用，以延长系统整体使用寿命，提高系统可靠性。

　　③ 对于方位轴而言，径向间隙和齿侧间隙的变化对于方位轴关节，以及卫星天线系统的动力学特性有明显的影响。在特定间隙下，方位轴关节和卫星天线执行末端都会产生谐振现象。对于俯仰轴，不但径向间隙和齿侧间隙的变化对于方位轴关节，以及卫星天线系统的动力学特性有明显影响，关节内部行星齿轮的径

向间隙与齿侧间隙的组合也可能引发系统的谐振，导致运行稳定性降低。因此，在对双轴驱动机构的设计中，可以参考文中的分析数据，合理选择间隙大小，使其既能保证机构润滑，又能降低运动误差，从而稳定运行。

第8章 总结与展望

随着精密机械工程和航天工程的不断发展，机械系统向着高速度、高精度、高效率的目标迈进，机构的高可靠性、长寿命问题已成为人们关注的焦点，而运动副间隙是引起机械机构精度和性能下降，甚至发生故障并失效的主要因素之一。针对机械机构运动副普遍存在的间隙与磨损现象，本书对含间隙机构动力学的一系列关键问题进行深入研究，并应用于航天机构中，为含间隙机构性能评估、可靠性分析、机构设计与寿命预测奠定了理论基础。本书的主要工作和研究成果如下。

1. 含间隙机构动力学建模

针对考虑旋转铰间隙的机构，本书拓展规则间隙的矢量模型，应用于动态非规则磨损间隙，建立通用的旋转铰间隙矢量模型，以及含间隙旋转铰的数学模型，适用于规则装配间隙与非规则磨损间隙，并建立含间隙机构的动力学方程。

2. 铰间间隙接触碰撞力建模及含间隙机构动力学特性研究

分析讨论传统的各种间隙接触碰撞力模型的优缺点，进一步基于改进弹性基础模型，建立一种新的运动副间隙连续接触碰撞力混合模型，对其进行参数分析，并应用到含间隙机构动力学分析中，通过实验验证新模型的正确性和有效性。

进一步，基于间隙接触碰撞力混合模型，以含间隙四连杆机构为对象，研究不同因素对含间隙机构动力学特性的影响。

① 运动副间隙对机构动态特性有较大的影响，使机构运动精度降低，速度和加速度呈现抖动现象，并且加速度抖动得最为剧烈。这说明，加速度对间隙最为敏感，对速度次之，对位移最不敏感，因此间隙对机构运动精度和稳定性有较大的影响，降低了机构的运动精度和稳定性。

② 间隙增大，机构加速度的抖动峰值增加，但是抖动的次数减少，因此机构的运动轨迹偏差越大，精度越低。这表明，运动副间隙越大，机构的运动精度和运动稳定性越差。

③ 间隙的存在会增大运动副关节碰撞力，并且碰撞力持续高频振荡。间隙碰撞力随着间隙尺寸的增大而增大，因此间隙增大，对机构的破坏和磨损加剧。

④ 转速增加，机构加速度的抖动峰值增加，表明机构运动精度与运动稳定性

越差，说明间隙对高速机构的影响更显著。

⑤ 摩擦系数增大，机构的运动越稳定，运动越接近于理想机构，误差越小。

3. 含间隙旋转铰动态磨损特性研究

准确地提取间隙接触碰撞载荷谱，基于 Archard 磨损模型，建立旋转铰间隙磨损的动态计算模型，以含间隙四连杆机构为对象，对间隙旋转铰动态磨损特性进行分析与预测，对磨损后的轴表面轮廓进行重构。结果表明，间隙的接触碰撞导致间隙铰的非规则磨损，磨损后铰间间隙变大；磨损后轴半径减小，并且某些区域磨损较为严重。获得间隙铰非规则磨损主要有两个原因。一是，在机构运行期间，运动副间隙碰撞力在不同区域的大小不同，有的区域碰撞力较大，有的区域碰撞力较小，碰撞力大的区域磨损较为严重。二是，轴会在某个区域往复运动，使该区域磨损加剧，磨损量较大。

进一步研究非规则磨损间隙对机构动力学特性的影响。针对考虑非规则磨损间隙的机构，引入考虑接触表面曲率变化的非线性动态变刚度系数，结合新的间隙连续接触碰撞力混合模型，建立含磨损间隙机构动力学特性与磨损特性的集成分析方法，通过引入磨损周期，对考虑非规则磨损间隙的机构进行动力学特性研究。

① 很小的间隙磨损量可导致机构动态特性发生很大的改变，因此在机构运行过程中，必须考虑运动副间隙的非规则磨损导致机构动态特性的变化，不能将间隙大小始终认为固定不变来分析机构整个运行过程的动态特性。

② 机构工作周期增加，非规则磨损间隙使机构运行更不平稳，动力学特征更加复杂。

③ 磨损使运动副间隙变大，进一步导致接触碰撞更剧烈，从而加剧运动副磨损，这是个相互影响、相互促进的过程，因此随着机构工作周期的延长，间隙铰磨损必将引起机构性能的衰退、振动加剧、运动不稳及精度降低，进一步影响机构的使用寿命。

4. 含多间隙齿轮转子系统动力学研究

针对齿轮转子系统中存在的轴承径向间隙和动态齿侧间隙，提出考虑多间隙耦合的动力学模型，采用二状态模型描述轴承径向间隙，利用径向间隙矢量判断轴与轴套之间所处的相对位置和运动状态，同时提出动态齿侧间隙的概念，利用径向间隙矢量描述齿侧间隙的动态变化，在动力学模型中考虑轴承径向间隙与动态齿侧间隙的耦合关系。

将多间隙耦合模型与多间隙无耦合模型进行比较，发现多间隙耦合效应对齿轮转子系统的动力学特性有非常明显的影响，会导致齿轮转子的径向跳动次数增加，轴承受到的冲击力增大，动态齿侧间隙增大，从而加大齿轮的扭转运动误差，而使齿轮的动态啮合力增大，啮合状态变差。

对多间隙耦合的齿轮转子系统进行动力学特性研究。结果表明，在多间隙耦合效应的影响下，转速和间隙大小对于齿轮转子系统的动力学特性有非常明显的影响。在低转速下，齿轮会出现明显的径向跳动，影响系统的运动精度和运行稳定性。在高转速下，轴与轴套处于连续接触状态，径向振动减弱，但是齿面冲击增大。径向间隙的增大会导致轴承处的径向位移波动范围增大，不但增大齿轮系统的径向误差，还会增大转角误差，降低系统稳定性。随着初始齿侧间隙的增大，齿轮转角误差增大，齿轮啮合力的幅值也随之增大，齿轮的扭转振动更为剧烈。通过频谱分析，找到可能引发系统谐振的转速和间隙尺寸，为提高齿轮机构的运行稳定性和可靠性提供指导。

5. 含多间隙行星齿轮转子系统动力学研究

提出考虑多间隙耦合效应的行星齿轮传动系统动力学建模方法。该方法考虑结构内部各构件间的轴承径向间隙和动态齿侧间隙，以及时变啮合刚度等因素，能够反映多间隙耦合效应对行星齿轮传动关节振动特性的影响。对多间隙耦合的行星齿轮传动系统进行动力学特性研究。结果表明，多间隙耦合效应不但使行星齿轮传动系统出现运动偏差，导致动态啮合力增大，加剧行星齿轮与内齿圈齿面之间的磨损，而且引发系统结构内部各构件之间的耦合振动。在多间隙耦合效应的影响下，转速、间隙和负载都会对系统动力学特性产生明显影响。在转速较高的情况下，行星齿轮的轴承径向力和轮齿啮合力都较大，并且波动剧烈。为了保证行星齿轮传动系统在航天机构中长时间稳定运行，最好选择适当低的转速。行星架与行星齿轮径向间隙大小对于系统动力学特性的影响最为明显，径向间隙较大时，行星架与行星齿轮的轴承径向接触力明显增大。考虑行星齿轮的特殊结构，系统在承受大负载时输出端的径向振动幅值有所增大，但是扭转振动幅度随之降低。因此，惯性负载的适当增大有利于保证系统的稳定性。通过频谱分析，找到可能引发系统谐振的转速和间隙大小，在设计和使用过程中，应该尽量避开谐振位置。

6. 含间隙航天机构动力学工程应用示例研究

在上述含转动副径向间隙和齿轮副齿侧间隙动力学理论与实验研究的基础上，进一步将上述理论研究成果应用于航天领域，以高精度、高可靠航天机构为对象，对航天机构中存在的多间隙耦合问题进行研究，进而为航天机构的优化设计、控制与可靠性分析提供理论指导。本书主要对含转动副径向间隙的航天器机械臂动力学，以及含径向间隙和齿侧间隙的星间链路驱动机构动力学进行研究。

　　我们对含间隙机构的动力学建模、动态特性分析，以及工程应用示例作了探索性的研究，为含间隙机构性能评估、可靠性分析、机构设计与寿命预测奠定了基础，取得一系列的创新研究成果，但是仍有许多问题需要进一步深入研究。

　　① 进一步提出更符合实际的非线性阻尼模型，并利用实验进行验证，使其能够更好地反映含间隙机构在接触碰撞过程中的能量损失，使多间隙耦合模型在接触碰撞力和动态特性的计算更为准确。

　　② 在含间隙机构动态特性与磨损特性的研究中，只考虑含间隙旋转铰，对更复杂的关节铰磨损特性还需要进一步的研究，如齿轮副磨损特性。

　　③ 进一步完善含间隙机构动力学与磨损特性集成分析，使其能实时模拟含间隙机构的动力学特性，并进行相应的实验验证，进一步确定机构磨损失效准则，对机构寿命进行预测。

　　④ 进一步改进多间隙耦合动力学验证实验装置，提高加工和装配精度，减小实验误差。采用更为多样的测量手段，如增加力矩传感器测量扭转力矩、安装力传感器测量碰撞力、引入视觉测量系统测量齿轮中心点位置变化等多种方式，能够更全面地验证系统动力学特性。

　　当然，工程应用的简单性和实用性需求与理论模型描述问题的复杂性准确性之间的矛盾也是需要进一步深入研究的问题。

参 考 文 献

[1] Flores P, Ambrósio J, Claro J C P, et al. Kinematics and Dynamics of Multibody Systems with Imperfect Joints: Models and Case Studies. Berlin: Springer, 2007.

[2] Tasora A, Prati E, Silvestri M. A compliant measuring system for revolute joints with clearance// International Conference on Tribology, Parma, 2006: 20-22.

[3] Flores P. Modeling and simulation of wear in revolute clearance joints in multibody systems. Mechanism and Machine Theory, 2009, 44(6): 1211-1222.

[4] Tasora A, Prati E, Silvestri M. Experimental investigation of clearance effects in a revolute joint// AIMETA International Tribology Conference, Rome, 2004: 14-17.

[5] 周仲荣. 摩擦学发展前言. 北京: 科学出版社, 2006.

[6] 刘英杰, 成克强. 磨损失效分析. 北京: 机械工业出版社, 1991.

[7] Nurre G S, Sharkey J P, Nelson J D, et al. Preserving mission, on-orbit modifications to hubble space telescope pointing control system. Journal of Guidance Control and Dynamics, 1995, 18(2): 222-229.

[8] 马兴瑞, 王本利, 苟兴宇. 航天器动力学——若干问题进展及应用. 北京: 科学出版社, 2001.

[9] 阎绍泽. 航天器中含间隙机构非线性动力学问题及其研究进展. 动力学与控制学报, 2004, 2(2): 48-52.

[10] Flores P, Ambrósio J, Claro J C P, et al. Translational joints with clearance in rigid multibody systems. Journal of Computational and Nonlinear Dynamics, 2008, 3(1): 1-10.

[11] Khemili I, Romdhane L. Dynamic analysis of a flexible slider-crank mechanism with clearance. European Journal of Mechanics A/Solids, 2008, 27(17): 882-898.

[12] Tian Q, Zhang Y Q, Chen L P, et al. Dynamics of spatial flexible multibody systems with clearance and lubricated spherical joints. Computers and Structures, 2009, 87(13-14): 913-929.

[13] Lankarani H M, Koshy S, Flores P. Experimental study on multibody systems with clearance joints// The Second Asian Conference on Multibody Dynamics, Seoul, 2004: 1-4.

[14] Schwab A L, Meijaard J P, Meijers P. A comparison of revolute joint clearance model in the dynamic analysis of rigid and elastic mechanical systems. Mechanism and Machine Theory, 2002, 37(9): 895-913.

[15] Erkaya S, Uzmay I. Determining link parameters using genetic algorithm in mechanisms with joint clearance. Mechanism and Machine Theory, 2009, 44(1): 222-234.

[16] Rzine B, Moujibi N, Saka A, et al. Subsystem interaction of mechatronic system with clearance. International Journal of Systems Control, 2010, 1(3): 122-130.

[17] Vaidya A M, Padole P M. A performance evaluation of four bar mechanism considering flexibility of link and joint stiffness. The Open Mechanical Engineering Journal, 2010, 4(1): 16-28.

[18] 尉立肖, 刘才山. 含间隙的太阳能帆板展开动力学分析. 动力学与控制学报, 2004, 2(2): 19-23.

[19] 时兵, 金烨. 面向虚拟样机的机构间隙旋转铰建模与动力学仿真. 机械工程学报, 2009, 45(4): 299-303.

[20] 占甫, 关富玲. 含三维间隙铰空间可展机构动力学数值分析. 浙江大学学报(工学版), 2009, 43(1): 177-182.

[21] Dubowsky S, Gardner T N. Dynamic interactions of link elasticity and clearance connections in planar mechanical systems. Journal of Engineering for Industry, 1975, 97(2): 652-661.

[22] Earles S, Wu C. Motion analysis of a rigid-link mechanism with clearance at a bearing, using Lagrangian mechanism and digital computation// The Conference on Mechanisms, London, 1973: 83-89.

[23] Haines R S. A theory of contact loss at resolute joints with clearance. Journal of Mechanical Engineering Science, 1980, 22(3): 129-136.

[24] Dubowsky S, Deek J F, Costello H. Dynamic modeling of flexible spatial machine systems with clearance connections. Journal of Mechanisms Transmissions and Automation, 1987, 109(1): 87-94.

[25] Bauchau O A, Rodriguez J. Modeling of joints with clearance in flexible multibody system. International Journal of Solids and Structures, 2002, 39: 41-63.

[26] 李颖哲, 林忠钦, 王皓, 等. 基于线性图理论机构间隙的复合模型. 上海交通大学学报, 2007, 41(8): 1258-1262.

[27] Flores P, Ambrósio J, Claro J P. Dynamics analysis for planar multibody mechanical systems with lubricated joints. Multibody System Dynamics, 2004, 12(1): 47-74.

[28] Flores P, Ambrósio J, Claro J P, et al. A study on dynamics of mechanical systems including joints with clearance and lubrication. Mechanism and Machine Theory, 2006, 41(3): 247-261.

[29] Crowthera A R, Singha R, Zhangb N, et al. Impulsive response of an automatic transmission system with multiple clearances: Formulation, simulation and experiment. Journal of Sound and Vibration, 2007, 306(3-5): 444-466.

[30] Flores P. A parametric study on the dynamic response of planar multibody systems with multiple clearance joints. Nonlinear Dynamics, 2010, 61(4): 633-653.

[31] Flores P, Lankarani H M. Spatial rigid-multibody systems with lubricated spherical clearance joints: Modeling and simulation. Nonlinear Dynamics, 2010, 60(1): 99-114.

[32] Flores P, Ambrósio J. Revolute joints with clearance in multibody systems. Computers and Structures, 2004, 82(17-19): 1359-1369.

[33] Flores P, Ambrósio J, Claro J P, et al. Influence of the contact-impact force model on the dynamic response of multibody systems. Journal of Multi-body Dynamics, 2006, 220(1): 21-34.

[34] Erkaya S, Uzmay I. Investigation on effect of joint clearance on dynamics of four-bar mechanism. Nonlinear Dynamics, 2009, 58(1-2): 179-198.

[35] Flores P, Leine R, Glocker C. Modeling and analysis of planar rigid multibody systems with translational clearance joints based on the non-smooth dynamics approach. Multibody System Dynamics, 2010, 23(2): 165-190.

[36] 郭杏林, 赵子坤. 含间隙柔性曲柄摇杆机构动力学分析. 机械强度, 2010, 32(6): 905-909.

[37] 游斌弟, 潘冬, 赵阳. 关节铰间隙对漂浮基星载天线扰动研究.宇航学报, 2010, 31(10): 2251-2258.

[38] Mukras S, Mauntler N A, Kim N H, et al. Modeling a slider-crank mechanism with joint wear. SAE International Journal of Passenger Cars-Mechanical Systems, 2009, 2(1): 600-612.

[39] Mukras S, Kim N H, Mauntler N A, et al. Analysis of planar multibody systems with revolute joint wear. Wear, 2010, 268(5-6): 643-652.

[40] Erkaya S, Uzmay I. A neural-genetic (NN-GA) approach for optimizing mechanisms having joints with clearance. Multibody System Dynamics, 2008, 20(1): 69-83.

[41] Shiau T N, Tsai Y J, Tsai M S. Nonlinear dynamic analysis of a parallel mechanism with consideration of joint effects. Mechanism and Machine Theory, 2008, 43(4): 491-505.

[42] 王国庆, 刘宏昭. 含间隙平面连杆机构动态特性研究. 机械传动, 2001, 25(3): 18-21.

[43] 时兵. 600MW 超临界汽轮机再热主汽阀门动力学建模与虚拟样机研究. 上海: 上海交通大学博士论文, 2008.

[44] Erkaya S, Uzmay I. Experimental investigation of joint clearance effects on the dynamics of a slider-crank mechanism. Multibody System Dynamics, 2010, 24(1): 81-102.

[45] 吴焕芹, 程强, 钟诗清. 含间隙的平面四杆机构运动特性分析. 武汉理工大学学报(信息与管理工程版), 2010, 32(3): 419-422.

[46] Shi B, Jin Y. Dynamic analysis of the reheat-stop-valve mechanism with revolute clearance joint in consideration of thermal effect. Mechanism and Machine Theory, 2008, 43(12): 1625-1638.

[47] 朱巨才. 含间隙机构的动力学建模与求解方法. 湘潭: 湘潭大学硕士学位论文, 2004.

[48] Dubowsky S, Freudenstein F. Dynamic analysis of mechanical systems with clearance, part 1: Formation of dynamic model. Journal of Engineering for Industry, 1971, 93(1): 305-309.

[49] Dubowsky S, Freudenstein F. Dynamic analysis of mechanical systems with clearances, part 2: Dynamic response. Journal of Engineering for Industry, 1971, 93 (1): 310-316.

[50] Dubowsky S, Gardner T N. Dynamic interactions of link elasticity and clearnce connections in planar mechanical systems. Journal of Engineering for Industry Journal of Manufacturing Science and Engineering, 1975, 97B: 652-661.

[51] Dubowsky S, Gardner T N. Design and analysis of multilink flexible mechanisms with multiple clearance connections. Journal of Engineering for Industry, 1977, 99(1): 88-96.

[52] Dubowsky S, Norris M, Aloni E, et al. An analytical and experimental study of the prediction of impacts in planar mechanical systems with clearances. Journal of Mechanisms, Transmissions, and Automation in Design, 1984, 106(4): 444-451.

[53] Dubowsky S, Moening M F. An experimental and analytical study of impact forces in elastic mechanical systems with clearances. Mechanism and Machine Theory, 1978, 13: 451-465.

[54] Dubowsky S, Deck J F, Costello H. The dynamic modeling of flexible spatial machine systems with clearance connections. Journal of Mechanisms, Transmissions, and Automation in Design, 1987, 109(1): 87-94.

[55] 余跃庆, 李哲. 现代机械动力学. 北京: 北京工业大学出版社, 1998.

[56] Funabashi H, Ogawa K, Horie M, et al. A dynamic analysis of the plane crank and rocker mechanisms with clearances. Bulletin of the JSME, 1980, 23(177): 446-452.

[57] 李哲. 考虑运动副间隙和构件弹性的平面连杆机构动力学研究. 北京: 北京工业大学博士学位论文, 1991.

[58] 唐锡宽, 金德闻. 机械动力学. 北京: 高等教育出版社, 1983.

[59] Miedema B, Mansour W M. Mechanical joints with clearance: A three-mode model. Journal of Engineering for Industry, 1976, 98(4): 1319-1323.

[60] Mansour W M, Townsend M A. Impact spectra and intensities for high-speed mechanisms. Journal of Engineering for Industry, 1975, 97(1): 347-353.

[61] Soong K, Thompson B S. A theoretical and experimental investigation of the dynamic response of a slider-crank mechanism with radial clearance in the gudgeon-pin joint. Journal of Mechanical Design, 1990, 112(2): 183-189.

[62] 张策. 含间隙曲柄摇杆机构阶段运动模型的建立// 第五届机械传动年会, 上海, 1992: 621-632.

[63] Furuhashi T, Morita N, Matsuura M. Research on dynamics of four-bar linkage with clearances at turning pairs(including four reports). Bulletin of the FSME, 1978, 21: 518-523.

[64] Haines R S. A theory of contact loss at revolute joints with clearance. Journal Mechanical Engineering Science, 1980, 22(3): 129-136.

[65] Senevirate L D, Earles S, Fenner D N. Analysis of a four-bar mechanism with a radially compliant clearance joint. Proceedings of the Institution of Mechanical Engineers, Part C: Journal of Mechanical Engineering Science, 1996, 210(32): 215-222.

[66] Erkaya S, Uzmay I. Optimization of transmission angle for slider-crank mechanism with joint clearances. Structural and Multidisciplinary Optimization, 2009, 37(5): 493-508.

[67] Ravn P. A continuous analysis method for planar multibody systems with Joint clearance. Multibody System Dynamics, 1998, 2(1): 1-24.

[68] Gilardi G, Sharf I. Literature survey of contact dynamics modelling. Mechanism and Machine Theory, 2002, 37(10): 1213-1239.

[69] Flores P. Dynamic analysis of mechanical systems with imperfect kinematic joints. Braga: Universidade Do Minho, 2004.

[70] 董富祥, 洪嘉振. 多体系统动力学碰撞问题研究综述. 力学进展, 2009, 39(3): 352-359.

[71] 刘才山, 陈滨. 多柔体系统碰撞动力学研究综述. 力学进展, 2000, 30(1): 7-14.

[72] Yigit A S, Ulsoy A G, Scott R A. Dynamics of a radially rotating beam with impact, part 1: Theoretical and computational model. Journal of Vibration and Acoustics, 1990, 112(1): 65-70.

[73] Rismantab S J, Shabana A A. On the use of the momentum balance in the impact analysis of constrained elastic systems. Journal of Vibration and Acoustics, 1990, 112(1): 119-126.

[74] Nagaraj B P, Nataraju B S, Ghosal A. Dynamics of a two-link flexible system undergoing locking: Mathematical modelling and comparison with experiments. Journal of Sound and Vibration, 1997, 207(4): 567-589.

[75] Hariharesan S, Barhorst A A. Modeling, simulation and experiment verification of contact/impact dynamics in flexible multi-body systems. Journal of Sound and Vibration, 1999, 221(4): 709-732.

[76] Johnson K L. Contact Mechanics. London: Cambridge University Press, 1987.

[77] Goldsmith W. Impact: The theory and physical behaviour of colliding solids. Journal of the Royal

Aeronautical Society, 1961, 65: 606.

[78] Rhee J, Akay A. Dynamic response of a revolute joint with clearance. Mechanism and Machine Theory, 1996, 31(1): 121-134.

[79] Hunt K H, Crossley F R E. Coefficient of restitution interpreted as damping in vibroimpact. Journal of Applied Mechanics, 1975, 42(2): 440-445.

[80] Lankarani H M, Nikravesh P E. A contact force model with hysteresis damping for impact analysis of multibody systems. Journal of Mechanical Design, 1990, 112(3): 369-376.

[81] Bauchau O A, Ju C. Modeling friction phenomena in flexible multibody dynamics. Computer Methods in Applied Mechanics and Engineering, 2006, 195(50-51): 6909-6924.

[82] 宿月文, 朱爱斌, 陈渭, 等. 间隙约束副摩擦接触对多体系统动态特性的影响. 润滑与密封, 2008, (8): 16-19, 30.

[83] 刘才山, 陈滨, 王玉玲. 考虑摩擦作用的多柔体系统点-面碰撞模型. 中国机械工程, 2000, 11(6): 25-28.

[84] Bagci C. Dynamic motion analysis of plane mechanisms with coulomb and viscous damping via the joint force analysis. Journal of Engineering for Industry, 1975, 97(2): 551-560.

[85] Threlfall D C. The inclusion of Coulomb friction in mechanisms programs with particular reference to DRAM au programme DRAM. Mechanism and Machine Theory, 1978, 13(4): 475-483.

[86] Rooney G T, Deravi P. Coulomb friction in mechanism sliding joints. Mechanism and Machine Theory, 1982, 17(3): 207-211.

[87] Haug E J, Wu S C, Yang S M. Dynamics of mechanical systems with coulomb friction, stiction, impact and constraint constraint addition-deletion-I theory. Mechanism and Machine Theory, 1986, 21(5): 401-406.

[88] Ambrósio J A C. Impact of rigid and flexible multibody systems: Deformation description and contact models. Virtual Nonlinear Multibody Systems, 2003, (103): 57-81.

[89] Kannel J W, Dufrane K F. Rolling element bearings in space// The 20th Aerospace Mechanisms Symposium, New York, 1986: 2423.

[90] Bhushan B. Introduction to Tribology. New York: John Wiley & Sons, 2002.

[91] 温诗铸, 黄平. 摩擦学原理. 3 版. 北京: 清华大学出版社, 2008.

[92] Palazotto A, Meador S. Consideration of wear at high velocities//IAA/ASME/ASCE/AHS/ ASC Structures, Structural Dynamics, & Materials Conference, New York, 2009: 746-751.

[93] Shahani A R, Salehinia I. Analysis of wear in deep-drawing process of a cylindrical cup. Journal of Materials Processing Technology, 2008, 200(1-3): 451-459.

[94] Helmi A M. Fretting fatigue and wear damage of structural components in nuclear power stations-fitness for service and life management perspective. Tribology International, 2006, 39(10): 1294-1304.

[95] Magel E, Kalousek J, Caldwell R. A numerical simulation of wheel wear. Wear, 2005, 258(7-8): 1245-1254.

[96] Nayak N, Lakshminarayanan P A, Babu M K G, et al. Predictions of cam follower wear in diesel engines. Wear, 2006, 260(1-2): 181-192.

[97] 唐少雄, 马力, 杨代华, 等. 内燃机凸轮磨损的动态仿真. 武汉理工大学学报(信息与管理工程版), 2002, 24(5): 117-120.

[98] 刘峰璧, 李续娥, 谢友柏. 运动副磨损过程理论研究. 机械设计与研究, 2000, 16(3): 13-14.

[99] 王国庆, 刘宏昭, 何长安. 含间隙曲柄滑块机构运动副动态磨损研究. 机械强度, 2006, 28(6): 849-852.

[100] 王国庆, 刘宏昭, 孙百俊. 考虑边界润滑的间隙机构运动副接触磨损. 长安大学学报(自然科学版), 2002, 22(6): 85-88.

[101] Strömberg N. A method for structural dynamic contact problems with friction and wear. International Journal for Numerical Methods in Engineering, 2003, 58(15): 2371-2385.

[102] 宿月文, 陈渭, 朱爱斌, 等. 铰接副磨损与系统动力学行为耦合的数值分析. 摩擦学学报, 2009, 29(1): 50-54.

[103] 国志刚, 冯蕴雯, 冯元生. 铰链磨损可靠性分析及计算方法. 西北工业大学学报, 2006, 24(5): 644-648.

[104] 江亲瑜, 李宝良, 易风. 基于数值仿真技术求解铰链机构磨损概率寿命. 机械工程学报, 2007, 43(1): 196-201.

[105] Mukras S, Kim N H, Sawyer W G, et al. Numerical integration schemes and parallel computation for wear prediction using finite element method. Wear, 2009, 266(7-8): 822-831.

[106] Su Y, Chen W, Tong Y, et al. Wear prediction of clearance joint by integrating multi-body kinematics with finite-element method. ARCHIVE Proceedings of the Institution of Mechanical Engineers Part J Journal of Engineering Tribology, 2010, 224(8): 815-823.

[107] Wilson R, Fawcett J N. Dynamics of slider-crank mechanism with clearance in the sliding bearing. Mechanism and Machine Theory, 1974, 9(1): 61-80.

[108] Tsai M J, Lai T H. Kinematic sensitivity analysis of linkage with joint clearance based on transmission quality. Mechanism and Machine Theory, 2004, 39(11): 1189-1206.

[109] Tsai M J, Lai T H. Accuracy analysis of a multi-loop linkage with joint clearances. Mechanism and Machine Theory, 2008, 43(9): 1141-1157.

[110] Innocenti C. Kinematic clearance sensitivity analysis of spatial structures with revolute joints. Journal of Mechanical Design, 2002, 124(1): 52-57.

[111] Ting K L, Zhu J M, Watkins D. The effects of joint clearance on position and orientation deviation of linkages and manipulators. Mechanism and Machine Theory, 2000, 35(3): 391-401.

[112] Parenti C V, Venanzi S. Clearance influence analysis on mechanisms. Mechanism and Machine Theory, 2005, 40(12): 1316-1329.

[113] Flores P, Ambrósio J, Claro J, et al. Dynamic behaviour of planar rigid multi-body systems including revolute joints with clearance. Proceedings of the Institution of Mechanical Engineers Part K: Journal of Multi-body Dynamics, 2007, 221(2): 161-174.

[114] Hayasaka Y, Okamoto N, Hattori T, et al. Analysis of nonlinear vibration of space apparatuses connected with pin-joints. Transactions of the Japan Society of Mechanical Engineers, 1992, 59(563): 2007-2014.

[115] Moon F C, Li G X. Experimental study of chaotic vibrations in pin-jointed space truss structure. AIAA Journal, 1990, 28(5): 915-921.

[116] Folkman S L, Rowsell E A, Ferney G D. Influence of pinned joints on damping and dynamic behavior of a truss. Journal of Guidance, Control, and Dynamics, 1995, 8(6): 1398-1403.

[117] Orden J C G. Analysis of joint clearances in multibody systems. Multibody System Dynamics, 2005, 13(4): 401-420.

[118] Flores P, Ambrósio J, Claro J. Dynamic analysis for planar multibody mechanical systems with real joints// Proceedings of ECCOMAS Thematic Conference on Advances in Computational Multibody Dynamics, Lisbon, 2003: 192-203.

[119] Flores P, Lankarani H M, Ambrósio J, et al. Modeling lubricated revolute clearance joints in multibody mechanical systems// Proceedings of DETC'03, ASME 2003 Design Engineering Technical Conferences and Computers and Information in Engineering Conference, Chicago, 2003: 97-115.

[120] Flores P, Lankarani H M, Ambrósio J, et al. Dynamic behavior of a revolute clearance joint in multibody mechanical systems// Proceedings of DETC'03, ASME 2003 Design Engineering Technical Conferences and Computers and Information in Engineering Conference, Chicago, 2003: 317-329.

[121] Alshaer B J, Nagarajan H, Beheshti H K, et al. Dynamics of a multibody mechanical system with lubricated long journal beatings. Journal of Mechanical Design, 2005, 127(3): 493-498.

[122] Schwab A L. Dynamics of flexible multibody systems: Small vibration superimposed on a general rigid body motion. Delft: Delft University of Technology, 2002.

[123] Park C B, Kwak B M. Counterweight optimization for reducing dynamic effects of clearance at a revolute joint. Mechanism and Machine Theory, 1987, 22(6): 549-556.

[124] Feng B, Morita N, Torn T. A new optimization method of dynamic design of planar linkage with clearance at joints-optimizing the mass distribution of links to reduce the change of joint force. Journal of Mechanical Design, 2002, 124(1): 68-73.

[125] Liu C S, Zhang K, Yang L. Normal force-displacement relationship of spherical joints with clearances. Transactions of the ASME: Journal of Computational and Nonlinear Dynamics, 2006, 1(2): 160-167.

[126] Liu C S, Zhang K, Yang R. The FEM analysis and approximate model for cylindrical joints with clearances. Mechanism and Machine Theory, 2007, 42(2): 183-197.

[127] 陈鹿民, 阎绍泽, 金德闻. 微小间隙转动副的接触碰撞模型及离散算法.清华大学学报(自然科学版), 2004, 44(5): 629-632.

[128] 王巍, 于登云, 马兴瑞. 航天器铰接结构非线性动力学特性研究进展.力学进展, 2006, 36(2): 233-238.

[129] 吴德隆, 李海阳, 彭伟斌. 空间站大型伸展机构的运动稳定性分析. 宇航学报, 2002, 23(6): 98-102.

[130] 陈滨, 潘寒萌. 含铰链间隙与杆件柔性的空间伸展机构单元的动力学建模与计算模拟(第一部分: 动力学建模). 导弹与航天运载技术, 1997, (1): 27-37.

[131] 陈滨, 潘寒萌. 含铰链间隙与杆件柔性的空间伸展机构单元的动力学建模与计算模拟(第2部分: 系统动态特性的计算模拟结果). 导弹与航天运载技术, 1997, (3): 33-40.

[132] 阎绍泽, 陈鹿民, 季林红, 等. 含间隙铰的机械多体系统动力学模型. 振动工程学报,

2003, 16(3): 290-294.

[133] 尉立肖, 刘才山. 圆柱铰间隙运动学分析及动力学仿真. 北京大学学报(自然科学版), 2005, 41(5): 679-686.

[134] 靳春梅. 含间隙机构非线性动态特性、控制及实验研究. 西安: 西安交通大学博士学位论文, 2001.

[135] 何伯岩, 高峰, 王树新. 计及铰链间隙的机械臂动力学建模与仿真. 天津大学学报, 2005, 38(9): 795-799.

[136] 靳春梅, 邱阳, 樊灵, 等. 含间隙机构动力学研究若干问题. 机械强度, 2001, 23(1): 80-84.

[137] 王天舒, 孔宪仁, 王本利, 等. 含铰间间隙的航天器附件展开过程分析. 哈尔滨工业大学学报, 2001, 33(3): 283-286.

[138] 何勇, 李冬. 含间隙的机构动力学研究进展. 陕西理工学院学报, 2006, 22(3): 50-54.

[139] 赵子坤. 含间隙机构动力学仿真与实验研究. 大连: 大连理工大学硕士学位论文, 2009.

[140] Koshy C S. Characterization of mechanical system with real joints and flexible Links. Wichita: Wichita State University, 2006.

[141] Flores P, Koshy C S, Lankarani H M, et al. Numerical and experimental investigation on multibody systems with revolute clearance joints. Nonlinear Dynamics, 2011, 65(4): 383-398.

[142] 黄铁球, 吴德隆, 阎绍泽, 等. 带间隙伸展机构力学仿真研究. 中国空间科学技术, 1999, 6(3): 16-22.

[143] 陈鹿民, 阎绍泽, 金德闻, 等. 含间隙铰空间可展桁架结构的动力学实验. 清华大学学报(自然科学版), 2003, 43(8): 1027-1030.

[144] 荀剑, 阎绍泽. 基于小波变换的含间隙太阳能帆板动力学试验分析. 清华大学学报(自然科学版), 2006, 46(11): 1844-1847.

[145] 贾晓红, 季林红, 金德闻, 等. 含间隙三球销副机构的实验研究. 清华大学学报(自然科学版), 2001, 41 (11): 84-86.

[146] Kahraman A, Singh R. Non-linear dynamic of a spur gear pair. Journal of Sound and Vibration, 1990, 142(1): 49-75.

[147] Kahraman A, Singh R. Non-linear dynamic of a geared rotor bearing system with multiple clearance. Journal of Sound and Vibration, 1991, 144(3): 469-506.

[148] Kahraman A, Singh R. Interactions between time-varying mesh stiffness and clearance non-linearities in a geared system. Journal of Sound and Vibration, 1991, 146(1): 135-156.

[149] Padmanabhan C, Singh R. Spectral coupling issues in a two-degree-of freedom system with clearance non-linearities. Journal of Sound and Vibration, 1992, 155(2): 209-230.

[150] Rook T E, Singh R. Dynamic analysis of a reverse, idler gear pair with concurrent clearance. Journal of Sound and Vibration, 1995, 182(2): 303-322.

[151] 张锁怀, 石守红, 丘大谋. 齿轮耦合的转子—轴承系统的非线性模型. 机械科学与技术, 2001, 20(2): 191-193.

[152] Li M. Non-linear dynamic behavior of rotor-bearing system trained by bevel gears. Journal of Mechanical Engineering Science, 2018, 222(24): 617-627.

[153] 王静, 李明. 滚动轴承-锥齿轮传动转子系统多间隙非线性动力学研究// 第 14 届全国非线性振动暨第 11 届全国非线性动力学和运动稳定性学术会议, 西安, 2013: 371-379.

[154] Kahraman A. Dynamic analysis of a multi-mesh helical gear train. Journal of Mechanical Design, 1994, 116(3): 706-712.

[155] Lim T C, Houser D R. Dynamic analysis of lay-shaft gears in automotive transmission// Proceedings of SAE Noise and Vibration Conference, Berlin, 1997: 2872-2882.

[156] Vinayak H. Multi-body dynamic and modal analysis approaches for multi-mesh transmissions with compliant gear bodies. Columbus: The Ohio State University, 1995.

[157] Raclot J P, Velex P. Simulation of the dynamic behavior of single and multi-stage geared systems with shaps deviations and mounting errors by using a spectral method. Journal of Sound and Vibration, 1999, 220(5): 861-903.

[158] Lim T C, Li J. Dynamic analysis of multi-mesh counter-shaft transmission. Journal of Sound and Vibration, 1999, 219(5): 905-919.

[159] 曾鸣, 魏任之. 多级齿轮传动轴系动态特性研究. 机械传动, 1994, 18(3): 32-33.

[160] 崔亚辉. 齿轮-转子-滑动轴承系统非线性动力学特性的理论和实验研究. 哈尔滨: 哈尔滨工业大学博士学位论文, 2009.

[161] Singh A, Kahraman A, Ligata H. Internal gear strains and load sharing in planetary transmissions: Model and experiments. Journal of Mechanical Design, 2008, 130(7): 76-85.

[162] Kubur M, Kahraman A. Dynamic analysis of a multi-shaft helical gear transmission by finite elements: Model and experiment. Journal of Vibration and Acoustics, 2004, 126(3): 398-406.

[163] 宋轶民, 许伟东. 2K-H 行星传动的修正扭转模型建立于固有特性分析. 机械工程学报, 2006, 42(5): 16-21.

[164] 卢剑伟, 陈昊, 孙晓明, 等. 基于动态侧隙的齿轮系统齿面磨损故障动力学分析. 振动与冲击, 2014, 33(18): 221-226.

[165] Munro G. The dynamic behavior of spur gears. Cambridge: University of Cambridge, 1962.

[166] Petry T, Kahraman A, Anderson N E. An experimental investigation of spur gear efficiency. Journal of Mechanical Design, 2008, 130(6): 115-124.

[167] Hotait M A, Kahraman A. Experiments on the relationship between the dynamic transmission error and the dynamic stress factor of spur gear pairs. Mechanism and Machine Theory, 2013, 70: 116-128.

[168] Seetharaman S, Kahraman A. Oil churning power losses of a gear pair: Experiments and model validation. Journal of Tribology, 2009, 131(2): 42-51.

[169] Kahraman A, Blankenship G W. Experiments on nonlinear dynamic behavior of an oscillator with clearance and periodically time-varying parameters. Journal of Applied Mechanics, 1997, 64(1): 110-109.

[170] 谭培红, 房晓东, 周加红. 偏心套刻度及调整齿轮侧隙的理论和实验研究. 机械工程师, 2002, (9): 53-54.

[171] 谢海东, 周照耀. 粉末冶金斜齿轮振动特性实验研究. 机械设计与制造, 2007, (10): 119-121.

[172] 李素有, 孙智民, 沈允文. 含间隙的斜齿轮副扭振分析与实验研究. 机械传动, 2002, 26(2): 1-5.

[173] Kahraman A, Hilty D R, Singh A. An experimental investigation of spin power losses of

planetary gear sets. Mechanism and Machine Theory, 2015, 86: 48-61.

[174] Talbot D C, Kahraman A, Singh A. An experimental and theoretical investigation of the efficiency of planetary gear sets. Journal of Mechanical Design, 2011, 120(6): 728-734.

[175] Ligata H, Kahraman A, Singh A. An experimental study of the influence of manufacturing errors on the planetary gear stresses and planet load sharing. Journal of Mechanical Design, 2008, 130(4): 1-9.

[176] Inapolat M, Kahraman A. A theoretical and experimental investigation of modulation sidebands of planetary gear sets. Journal of Sound and Vibration, 2009, 323: 677-696.

[177] Ligata H, Kahraman A. A closed-form planet load sharing formulation for planetary gear sets using a translational analogy. Journal of Mechanical Design, 2009, 131: 71-77.

[178] Yuksel C, Kahraman A. Dynamic tooth loads of planetary gear sets having tooth profile wear. Mechanism and Machine Theory, 2004, 36: 953-971.

[179] Kahraman A, Ligata H. Influence of ring gear rim thickness on palnetary gear set behavior. Journal of Mechanical Design, 2010, 132: 21-28.

[180] Inalpolat M, Kahraman A. A dynamic model to predict modulation sidebands of a planetary gear set having manufacturing errors. Journal of Sound and Vibration, 2010, 329(4): 371-393.

[181] Kahraman A, Ding H. A methodology to predict surface wear of planetary gears under dynamic conditions. Mechanics Based Design of Structure and Machines, 2010, 38(4): 493-515.

[182] Talbot D, Kahraman A, Singh A. An experiment investigation of the efficiency of planetary gear sets// Proceedings of the ASME 2011 International Design Engineering Technical Conferences and Computers and Information in Engineering Conference, Washington D. C., 2011: 523-538.

[183] 潘博, 于登云, 孙京. 大型空间机械臂关节动力学建模与分析研究. 宇航学报, 2010, 31(11): 2448-2455.